U0180644

基因密码

改造生命的遗传"图谱"

魏荣瑄 陈秀兰 景建康◎编著

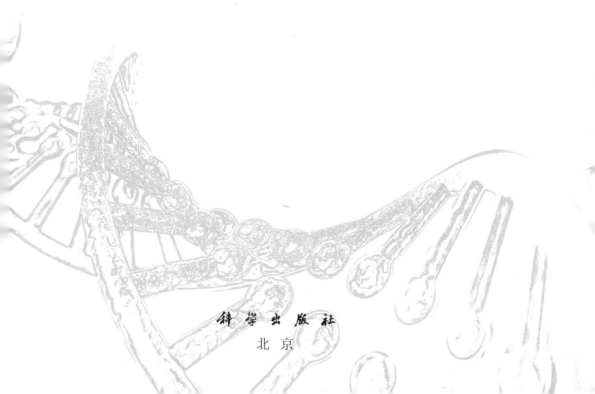

科学出版社
北京

图书在版编目 (CIP) 数据

基因密码：改造生命的遗传"图谱"/ 魏荣瑄，陈秀兰，景建康编著. —北京：科学出版社，2020.3

（中国梦·科学梦）

ISBN 978-7-03-062774-2

I.①基… II.①魏…②陈…③景… III.①基因—普及读物 IV.① Q343.1–49

中国版本图书馆 CIP 数据核字（2019）第 238053 号

责任编辑：王亚萍 / 责任校对：杨 然
责任印制：师艳茹 / 内文设计：楠竹文化

编辑部电话：010-64003228
E-mail: Wangyaping@mail.sciencep.com

科学出版社 出版
北京东黄城根北街 16 号
邮政编码：100717
http://www.sciencep.com

三河市春园印刷有限公司 印刷
科学出版社发行 各地新华书店经销
*
2020 年 3 月第 一 版 开本：720×1000 1/16
2020 年 3 月第一次印刷 印张：13
字数：200 000

定价：78.00 元

（如有印装质量问题，我社负责调换）

"中国梦·科学梦"丛书编委会

新时代的"中国梦"就是要实现中华民族伟大复兴，这就是中华民族近代以来最伟大的梦想！

2019年11月1日是中国科学院成立70周年的日子，科技报国七十载，科技支撑强国梦。尤其是1978年召开全国科学大会后，中国科学院一代又一代的科学人努力拼搏，奋战在科研第一线。

70年，追梦科学，岁月如歌。中国科学院始终与祖国同行，与科学共进，劈波斩浪，艰苦创业，不忘初心，服务社会，报效国家，取得了辉煌的成就，在共和国发展史上写下了不朽的篇章。

我们希望围绕新中国成立以来所取得的重大科技成就，围绕一些重大科技成果的科技史、科技人物进行科普创作，通过展现科学家的探索、拼搏精神和他们在奋斗过程中的故事，让大众了解我国前沿科技事业的发展，让大众了解国家的科技自主创新之路，希望能振奋国人自强、自立的精气神，这是一件有意义的事情。基于此，在中国科学院科学传播局的支持下，由中国科学院离退休干部工作局牵头，中国科学院老科学技术工作者协会组织的"中国梦·科学梦"丛书项目从 2017 年初开始启动，2017 年 7 月老科学技术工作者协会召开选题会，同年 12 月，召开讨论会提出明确的撰写要求，同时开始组稿工作。

组稿工作得到了中国科学院众多研究院所的积极响应，不少同志都表达了写作意愿，有些作者还是已退休的老同志。可以说，这一次的组稿和完稿汇集了很多中国科学院科研工作者的心血。最终根据选题的要求及完成时间的要求不得已进行了取舍，确定了 7 个选题进行最后的创作。

"中国梦·科学梦"丛书以"深空""深地""深蓝"三大领域为主线，以中国科学院 70 年科技创新内容为核心，同时以涵盖 70 年来主要的科技成就为"抓手"，撰写科技人物的杰出贡献，以及科技成果中蕴含的科技知识，通过有趣的故事介绍科学攻关中科学家的敬业、创业、探索精神，希望能让人们了解中国科学院为我国科技事业的发展所做的重大贡献，同时也丰富读者对前沿科学的认识，增强对科学的热爱与向往之情，以及对祖国科技创新发展的自豪感，激发他们投身科学事业的热情。

新一轮科技革命正孕育兴起，党的十八大以来，习近平总书记多次强调要传承和弘扬中华优秀传统文化。当今，各项事业正走向高速发展，国家对科技事业提出了更高的创新要求，我们肩负着国家和人民的期望，任重而道远。接下来，我们的"科学梦"还要立足当下，不断努力。

"科技兴则民族兴，科技强则国家强"。一个追求科学进步的民族才能大有希望。科学是对未知的探索，需要长期艰辛的付出，追求"科学梦"需要有为理想而献身的精神。把个人的"科学梦"同国家、民族的发展结合起来，作为一个命运共同体，以"科学梦"托起中华民族伟大复兴的"中国梦"，这个梦就一定能实现。

初识遗传

　　在自然界中，花有红、黄、蓝、白、紫等色，鸟有鹏、蜂（蜂鸟）、雁、雀、乌（乌鸦）等之分；多姿多彩的生命中曾经有过地球上的庞然大物——恐龙，也有科学家在实验室内费尽九牛二虎之力也未能使其脱离濒临灭绝境地的物种，这提示我们，拯救濒危物种刻不容缓。

　　世界千奇百怪、变化莫测，且不说深邃的宇宙，在地球这颗行星上的生物种类也无人能够尽数，何况还有时间和空间这双"无形的手"在不断地对各类生物进行改变或"装扮"，使本来已五彩缤纷的生物界更加光怪陆离。但是，这样的变化也有规律可循，我们不必被杂乱无章的表面情况"吓倒"，要学会分析现象，加以综合，找出共性，揭示生物世界多样性的本质和规律。

生物有小到没有细胞结构的病毒，也有大到身重数吨以上的鲸或已灭绝的恐龙，但它们都是由一些相同的物质构成生命，这点本书中会再谈，就从直观上看，也有共同之处，那就是都有其自身的遗传规律。

为什么人的后代是人，而不是别的物种？为什么"种瓜得瓜，种豆得豆""龙生龙，凤生凤，老鼠儿子会打洞"？为什么老鼠的尾巴即使割掉10 000 代，但第 10 001 代仍然会保留尾巴这一特征？这便是遗传规律使然。

遗传是生物共有的特性，我们把这种后（子）代同亲代的相似性叫作遗传性。"一母生九子，九子各不同"，即使同卵双胞胎的差异也逃不过父母的慧眼，说明子女与父母不完全相似，兄弟姐妹之间也有差异。这就是变异性，亦即子代与亲代之间、群体中的个体之间存在的差异性。

我们也要指出，遗传是生物内在因子的传承，既不是社会性财产继承，也不是后天性修饰的传递。"你"中有"我"，"我"中有"你"，而"我"就是"我"，"你"

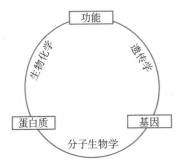

生物化学、遗传学、分子生物学的关系图

就是"你"，既有相同或相似，又有不同，各具特点，这就是遗传性和变异性的关系。

遗传与变异是相辅相成的"兄弟"，没有遗传，生物性状就不能稳定；没有变异，就没有多元化的发展。对于生物本身来说，变异性是生物进化和多样性的基础。

表面看来，遗传性和变异性"势同水火"，但追本溯源却是相辅相成的。就生物"利益"而言，不管是为了物种的稳定传代，还是为了更好地适应内在与外在环境的变化，其目的都是希望有利于物种的繁衍；再者就其机制而言，都涉及基因或基因的分子实体——脱氧核糖核酸（DNA）的影响。

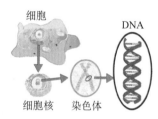

人类的祖先——智人的诞生可以追溯至几十万年前，但对遗传奥秘给予科学解释是始于19世纪中叶孟德尔的豌豆试验。从那时起，才可以说真正地在科学意义上诞生了遗传学。

遗传学就是研究遗传与变异规律的科学。根据研究对象，遗传学可分为人类遗传学、动物遗传学、植物遗传学、微生物遗传学等；根据研究层次，遗传学可分为细胞遗传学、分子遗传学等；根据研究内容，遗传学可分为行为遗传学、发育遗传学、医学遗传学、进化遗传学、群体或生物统计遗传学等。凡此都是人为的划分，尽管名目繁多，互有交叉，却有基本规律可循。

在本书中，我们将着重介绍遗传基本规律，也会涉及遗传学各领域的不同内容。例如，生物为什么会遗传，又是怎样变异的？遗传和变异的方向、程度及速度能不能进行人为操纵？如何改变我们自身、创造出人类所需的生

物？一方面，人类自身的改变和其他生物的改变都是非常缓慢的自然过程，地球也在随时间的变化而变化，人类很难在自己生命的有限时间内，看到较大变化。即使按照基因中 $10^{-10} \sim 10^{-5}$ 的自发突变率，如愿以偿地改变基因组，也不容我们在有生之年看到明显变化。另一方面，有些病原微生物[①]的适应性变异却以"迅雷不及掩耳之势"的速度在变化，可能我们研发的治疗手段刚一见效，它就变异了。面对这类问题，我们可能需要借助"上帝之手"，对病原微生物的染色体或基因施行"手术"。

本书除了介绍遗传学基本理论和研究过程，还会涉及遗传工程、单细胞克隆、体细胞去分化、干细胞功能、灭绝生物复活或濒危生物挽救的可能性，以及我们能否对基因进行"编辑"，能否合成人造生命……

在此之前，不妨让我们先了解有关遗传与变异的生物结构及其背后的故事吧！

---

① 病原微生物指可以侵犯机体，引起感染甚至传染病的微生物，或称病原体。

漫话克隆及其"兄弟"技术

基因编辑

后记 生命协奏曲

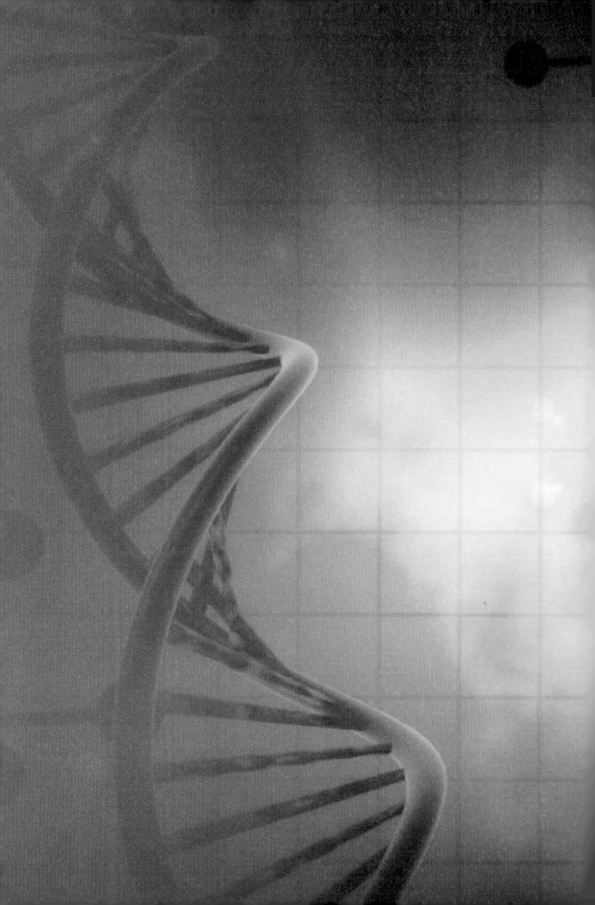

01

多彩的细胞

细胞是生命的基本单位

为什么我们生活的地球富有生机、充满活力呢？有些人说是因为有动物，有些人则说是因为有植物，还有些人认为是因为人的存在。他们也许只说对了一部分，因为生物的存在才令我们的世界充满生机，这不仅包括人、动物、植物，还包括微生物。这些生物每天都在生长、发育、繁衍后代、衰老，直至死亡，生命活动令这个世界焕发出勃勃生机。生物世界纷繁复杂，有许多奥秘等待我们去认识和探索，要揭开生命遗传的秘密，就得从生命的基本结构说起。

我们以人体为例，人是一种高等生物，而已知高等生物体从宏观至微观层面，是由各种系统-器官-组织-细胞组成的。以消化系统为例，人是依靠摄食来吸收营养以维持生命的，因此，消化系统堪当重任。消化系统由口腔、咽、食管、胃、肝、肠等器官构成。其中，口腔是消化系统的"食品加工厂"，可用来磨碎食物，包含舌头和牙齿等重要器官。我们在显微镜下观察舌头，可看见其表面有许多粗糙的凸起，称为舌乳头，它含有味蕾，这一层组织称为舌黏膜。细看之下，在味蕾上排列有许多味细胞，能感觉酸、甜、苦、咸等味道。舌黏膜的内层组织为肌肉组织，它又是由肌细胞所构成的，这就是对消化系统器官舌头初步观察所看到的微观世界。

除此之外，人体其他系统的重要组织、器官亦由不同细胞所构成，如心脏有心肌细胞，骨骼有骨细胞，神经有神经元等，所以人属于多细胞生物。

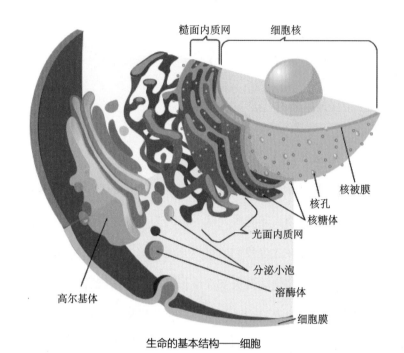

生命的基本结构——细胞

"窥一斑而知全豹"，其他的动物、植物亦由不同的细胞组成。现今世界上绝大多数的生物都属于细胞生物，它们又有单细胞生物和多细胞生物之分。而在微生物世界中，细菌属于单细胞生物。尽管不同生物的细胞或同一生物的不同细胞在形状、大小等方面存在较大差异，但它们所表现的生命活动规律，却基本相同。一切细胞在其生命活动过程中，都进行着一系列的代谢活动，即从外界摄取养料进行细胞分裂、生长，感应外界刺激，适应环境变化，等等。因此，我们认为，细胞是生命的基本单位。

细胞是大多数生物体的基本结构，特别是动物或植物等多细胞生物，细胞中几乎隐藏着全部的生物功能。

细胞的结构包括细胞膜、细胞质、细胞核等，各司其职。而细菌等生物也叫作单细胞生物，即一个细胞就是一个完整个体，集全部生物功能于这一个细胞内。

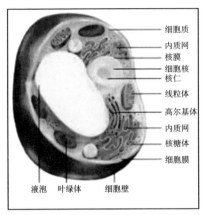

植物细胞

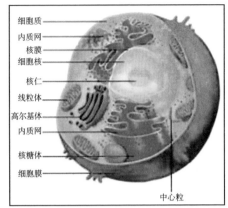

动物细胞

生物细胞主要分为两类，即原核细胞和真核细胞，这是根据细胞核的结构状态区分的。原核细胞的细胞核比较松散，有散在的核区，但无核膜；而真核细胞的细胞核比较致密，有完整的核膜，核区明显。

接下来，我们一起详细了解一下细胞的分类。

细胞有多少种类呢？

所有的生物按细胞类型可以分为两大类——单细胞生物和多细胞生物，细胞也可以分为两类——真核细胞和原核细胞。

让我们先来了解第一大类细胞——真核细胞。

在这类细胞中，最外一层薄膜称为细胞膜（真核细胞中，植物细胞的细胞膜外还有细胞壁），穿过这层细胞膜，里面散布着许多细胞器的是细胞质，我们在细胞质中发现了一种双层膜（核膜）包裹着的结构。这是什么呢？这就是决定生物遗传秘密的关键所在——细胞核，它包含有遗传物质。

具有细胞膜、细胞质和细胞核结构的细胞称为真核细胞，因为这类细胞具有真正的细胞核，即形态突出、界限分明，并且在一定时期清晰可见。由这类细胞构成的生物称为真核生物，自然界中的动物、植物、真菌等都属于这一大类。

第二大类细胞——原核细胞，就是没有细胞核或没有细胞核形态的细胞。它们的遗传物质没有核膜包裹，却有原始核区（又称为拟核区），所以这类细胞被称为原核细胞。

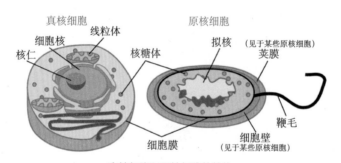

真核细胞和原核细胞的结构

具有原核细胞的生物就是原核生物，细菌和蓝藻是典型的原核生物，它们比真核生物要"低级"得多。原核细胞结构简单、体积小，但"年龄"却比真核细胞要"老"。真核细胞的出现距今不过十几亿年左右，而原核细胞大约有35亿年的历史，也就是约35亿年前，地球出现的最原始、最古老的藻类——蓝藻。此外，一个原核细胞基本上可以被看作是一个生命个体，它能完成从生长、发育、繁殖到死亡的整个生命过程。例如，某种细菌在适宜的营养、温度等环境下，每20分钟即可繁殖一代，10小时后就可成为由10亿个细菌组成的群体，这一时期称作对数生长期。经过一段时间后，由于营养物质的耗竭，繁殖减慢，死亡菌落增多，活菌减少以至衰退。

有无细胞核是生物最基本的分界，在遗传学和遗传工程领域，许多研究都是从这一基本点出发的，但真核生物与原核生物这两者遗传信息的本质，以及信息表达的整体方式是基本相同的。

除了真核生物和原核生物外，还有一类无细胞形态的生命体，但这类生命体不能独立生活，必须寄生在其他细胞内。而且，它们也有自己的遗传物质，并可以巧妙地利用寄主细胞的环境和必要物质繁衍自己。这类生命体统称为病毒，根据寄主的不同，可分为细菌病毒（噬菌体）、动物病毒和植物病毒。

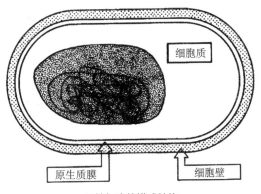

原核细胞的模式结构

原核生物与病毒的结构虽然简单，却不可小觑。人类的许多疾病都是由细菌或病毒引起的，它们在包括人体在内的生命体中大量繁殖，有可能导致其他生命体备受痛苦，甚至对于有些病毒的侵扰，人们到现在还束手无策，而它们又是研究遗传学的重要工具，许多遗传学中的基本规律就是通过对细菌或病毒的研究发现的。

细胞是一个丰富多彩的"王国"。细胞核就好比王国的皇宫，是对整个王国发号施令的所在，遗传、代谢等指令就是在这里决定和发出的。遗传"司令部"是染色体，在这里绘制遗传"图谱"，决定与各种生物功能有关的蛋白质的种类、合成的时间和数量等关键事项。染色体及其构成成分——遗传大分子DNA，在此"起草"和"颁发"指令，但不能直接将"指令"传递到细胞核之外，传递"指令"的任务则由另外的"使者"去执行，完成"指令"的处所也不在细胞核内，而是在能"施展拳脚"的细胞质里，那里有合成蛋白质的"大工厂"。

除了染色体内的DNA大分子，还有没有其他能编辑遗传"指令"的"处所"和遗传分子呢？

答案是：有的。这就是细胞质内的一些细胞器，包括动物、植物都有的线粒体和植物特有的叶绿体等，既然它们（线粒体和叶绿体）游弋于细胞质中，不妨称作"离岛"细胞器。此外，细菌的非核区，还游离着一类DNA小分子，呈环状，能自我复制，含有一些基因，科学家给它们起了一个可爱的名字，叫作质粒，含有小而圆的意思。别看这些质粒不起眼，它的用途和能量却很大，是基因"搬家"的重要"帮手"。

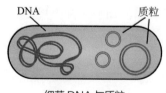

细菌 DNA 与质粒

　　我们依据细胞核的类型把细胞分为真核细胞与原核细胞，它们除了结构不同外，在功能上也大相径庭。

　　原核细胞一般比较简单，每个细胞像一个"小铁桶"，集诸多功能于一身，没有分化。真核细胞的结构就复杂得多，各部分分工明确、各司其职，甚至有作为"储君"的干细胞。干细胞是未充分分化、尚不成熟的细胞，看起来很寻常，一旦"露真容"，则潜能无限。干细胞的这种潜能对我们大有益处，所以对干细胞的研究也是生物学的重要前沿领域，本书的后文将予以专门介绍。

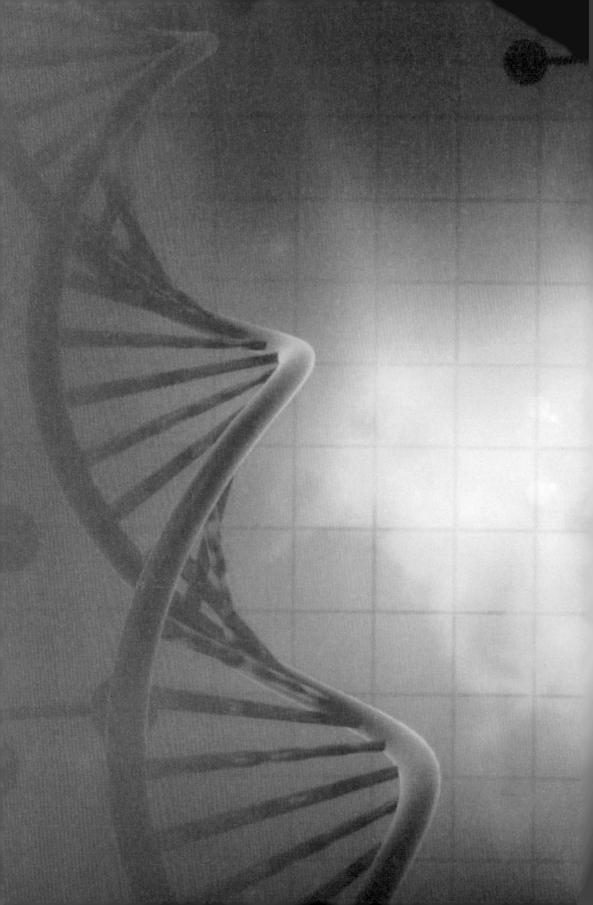

02 探索遗传
规律的艰
苦历程

当一个新生儿降生时，亲戚、朋友都喜欢讨论新生儿的相貌：鼻子像爸爸，眼睛像妈妈，或者脸形则是两人都像。而孩子有个别之处长得不像父母，则可能是变异的结果。

"遗传、变异、基因……"这些遗传学领域的专业名词对现代人来说并不是陌生的词汇，人们普遍对遗传学已有初步认识。但在古代，人们对"种瓜得瓜，种豆得豆""子女与父母相像"等现象虽有所了解，却无法做出科学的解释。那时，人们认为遗传是一种融合行为，好像调制鸡尾酒一样。因为"龙生龙，凤生凤，老鼠儿子会打洞"的现象我们早就了然于胸，也清楚"一母生九子，九子各不同"，但这种认识尚处于感性阶段，也就是常言所说的"知其然，而不知其所以然"。随着生产实践的发展，特别是农业和医疗卫生实践的发展，要求人们必须对各种遗传和变异现象做出解释，弄清这些现象的内在原因，这样才可能使生产实践有进一步地发展，并且好奇心也在不断驱使我们为此而努力。

遗传学成为一门科学经历了漫长的时间，直到19世纪中叶才逐渐崭露头角，进入20世纪后，人们对此才有了更深入的了解。本章将通过一些里程碑式的事件窥视这一艰苦历程。

科学研究要经历从思索到实践，再推动理论发展，再思索、再实践的循环往复过程，这也正是生命科学研究和发展的艰苦历程的写照。我们可以从脲酶结晶的发现过程中了解一二。

美国科学家萨姆纳（1887～1955年）是最先获得脲酶结晶的学者，他对脲酶的研究如痴如醉。据说，1926年的某一天，他正在实验室等待脲酶结晶的出现，却一直不能如愿。萨姆纳有烟瘾，在苦等不耐烦之际，吸起烟来，一不小心，烟灰掉进试管中，这时奇迹竟然发生了，脲酶结晶出现了……

萨姆纳

他忽然意识到，原来脲酶结晶需要有晶核诱发。正是由于这一发现，萨姆纳最终于 1946 年获得诺贝尔化学奖。这个情节可能被人当作笑谈，这里绝不是诱导读者吸烟，也不是为了平添笑料，而是想通过这个事例说明，科学研究之路是充满艰辛的探索过程，但在探索过程中也会出现新的灵感和机遇。这就是本章题目中"艰苦历程"的寓意。

神父的"法术"——孟德尔与豌豆的不解之缘

德国生物学家魏斯曼（1834～1914 年）是最早问津遗传机制的学者之一，

魏斯曼

他一直在思索子代与亲代如此相似的原因所在，最终提出了所谓的"种质学说"，认为遗传是由种质（即生殖细胞）决定的，而且种质可以代代相传，而体质（后来被称作体细胞系）是身体的构成部分，不能代代相传。魏斯曼及其后继者把这一理论称作"种质连续性学说（doctrine of the continuity of the germ plasm）"。魏斯曼可以被称为理论生物学家，因为他的理论只是出于推论和预想，并没有实验证据。他的另一个重要预测就是染色体的减数分裂，之后，他的研究兴趣就转向医学领域了。

而在此之前，另有一位研究者已经采用试验的方式研究遗传问题了。

19世纪中叶，奥地利的修道士孟德尔（1822～1884年）应布尔诺修道院院长南普之邀，到修道院从事植物育种的数学和物理学模式的研究。当时，他认为，植物的遗传和变异一定是由于不连续的遗传单位通过机械方式传递而实现的。他所说的遗传单位就是后来被科学家称为基因的物质。

孟德尔

孟德尔是一位实践家，为了验证和完善自己的推想，设计了著名的豌豆遗传试验。在1856至1864年这几年，他对30多个品种的5 000多株豌豆的性状进行研究，根据研究结果写出名为《植物杂交试验》的论文，总结出两大遗传定律，即分离定律和自由组合定律。但遗憾的是，这一重要发现在当时并未引起足够的重视，直到1900年，这一发现才重新吸引了生物学界的注意。

这还得归功于另一位知名的英国生物学家威廉·贝特森（1861～1926年），也正是这位贝特森提出"遗传学"和"等位基因"等术语，修正了孟德尔之前不太严谨的称谓，如性状继承和因子等，当然，后来使用的一些术语也是经过不断深入地研究后才逐渐修正的。

说回到孟德尔，他出身于农民家庭，兄妹5人，只有他是男孩，从小就异常聪明。当地学校的校长对孟德尔的父亲说："你家男孩很有天分，应该好好培养。"

　　聪明的孟德尔知道要想取得研究成果，必须找到合适的试验对象。他之所以选择豌豆进行遗传学试验，主要是因为很容易在市场上买到颜色不同且形状各异的豌豆种子，而且豌豆是自花授粉植物。

　　什么是自花授粉呢？

　　我们知道，很多植物会开花，花朵授粉后会结出果实，果实中孕育着植物的种子，由种子发育长出的新植物就是植物的后代。而花朵也有"性别"之分，就像动物分雌性和雄性一样，花朵雌性部分叫雌蕊，雄性部分叫雄蕊。雄蕊中能产生许多花粉，植物若想结出种子，就必须让花粉遇上雌蕊中的胚珠，这个过程叫作传粉。因为豌豆花的雌蕊和雄蕊长在同一朵花中，雄蕊中的花粉会自然地落在这朵花的雌蕊上，完成传粉的使命，这种传粉方式就称为自花授粉。如果人为地去掉花芯的雄蕊，再给雌蕊授以另一个花朵上取下的雄蕊花粉，就称为人工授粉。

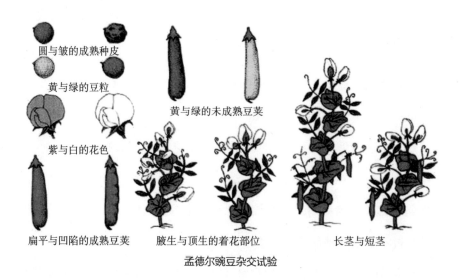

圆与皱的成熟种皮

黄与绿的豆粒

黄与绿的未成熟豆荚

紫与白的花色

扁平与凹陷的成熟豆荚　　腋生与顶生的着花部位　　长茎与短茎

孟德尔豌豆杂交试验

　　在自然状态下，自花授粉植物所产生的后代是同型的，每种性状都是纯种的。所谓性状，就是生物体的各个特征。例如，孟德尔选择的豌豆性状特征有 7 项，包括花色的紫与白、豌豆种皮的圆与皱、豆粒的黄与绿、未成熟豆荚的黄与绿、成熟豆荚外形的扁平与凹陷、花的腋生与顶生、茎的长与短。

我们以花色为例，说明孟德尔研究的结果和揭示的性状遗传规律。

孟德尔用纯种紫花豌豆与纯种白花豌豆通过人工授粉的方式进行杂交，同时，以纯种紫花和纯种白花进行自花授粉，作为对照组。结果显示，对照组中，纯种紫花的豌豆第一代是紫花，纯种白花的豌豆第一代是白花；杂交组的第一代并不是想象中的遗传融合现象，也就是说，并非一半是紫花，一半是白花，而全部都是紫花。

这是为什么呢？

孟德尔假设生殖细胞中有控制性状的遗传因子（遗传因子就是后继学者所说的基因，为了方便，以下称作基因），在体细胞中，基因成对存在。我们以一个字母代表基因的一个成员，以大写字母表示那个单独存在就能显示相应性状的基因成员，即后来所说的显性基因成员（显性基因），而以小写字母表示那个单独存在不能显示性状的成员，即隐性基因成员（隐性基因）。而显性基因和隐性基因对特定性状而言又处在遗传分子的同一位置，所以称为等位基因。

在孟德尔豌豆杂交试验中，体细胞中的基因成员分别来自雌、雄双方，是一对，所以用两个字母表示，如 CC、Cc、cc；而在生殖细胞形成过程中，这一对基因就需要割舍分离，变成"单身"，于是以一个字母表示，即本例中的 C 和 c：紫花基因为 C（显性），白花基因为 c（隐性）。授粉时，精子和卵细胞结合成合子，合子中的基因又恢复为成对状态。

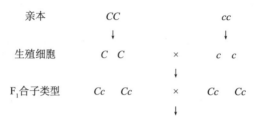

F₂合子类型（如表中所示）

E＼P	C	c
C	CC	Cc
c	Cc	cc

P 代表父本，E 代表母本，F 代表子代

豌豆花色等位基因在后代中的分布

杂交组中的第一代就表现出特征的基因，叫作显性基因，而不显示者就叫作隐性基因。如紫花与白花的豌豆杂交，第一代（F_1）全部表现为紫花，而没有白花，所以紫花基因是显性基因，白花基因是隐性基因。

从上图可以看出，紫花 CC 与白花 cc 杂交产生第一代的花色基因全部为 Cc，它们表现为紫花，这说明了紫花遗传单位（基因）的作用可以掩盖白花的遗传单位的作用。在遗传学中，就一对基因的两个成员而言，试验结果与假设是否相符呢？孟德尔继续将杂交组中形成的第一代紫花（基因 Cc）豌豆再次杂交（$Cc \times Cc$）。

第二代豌豆（F_2）细胞的基因是由 F_1 的基因 Cc 再次分离成生殖细胞，一半含有基因 C，另一半则含有基因 c，各自数量相等。精子和卵细胞再次随机结合，结果形成数量相等的四种组合 CC、Cc、Cc、cc。从基因类型看，其比例为 $CC：Cc：cc=1：2：1$。由于 C 为显性基因，所以紫花与白花的数量比例应为 3：1。事实上，在试验中得出第二代豌豆中，有 705 株呈现紫花，224 株呈现白花，紫花与白花的比例为 3.15 ∶ 1（接近 3 ∶ 1）。其他 6 个性状的情况与此试验结果大体一致。经过反复验证，孟德尔得出了遗传学第一定律，即分离定律。

在生殖细胞形成过程中，决定某一性状的一对基因的两个成员发生分离，所以在生殖细胞中，一半细胞含有成对基因中的一个成员，另一半细胞含有另一个成员。因此，遗传学第一定律又叫作基因分离定律。

在杂交后的第二代豌豆中，就一对基因而言，显性基因同隐性基因的分离比为 3 ∶ 1。在合子类型中，有的一对基因中的两个成员相同，如 CC 和 cc，这种合子叫作纯合子；有的两个成员不同，如 Cc，这种合子就叫作杂合子。

此外，我们再介绍一些有关遗传学的概念。在豌豆花色的例子中，显示紫花的基因对有 CC 和 Cc，显示白花的基因对只有 cc。就花色性状而言，有其外观上诸如紫色、白色等表现形式，这类表现出来可见的形式称为表现型；而决定外观表现形式的遗传组合，如 CC、Cc 和 cc 等，这就是基因型。当然，表现型和基因型并非只限于一个性状，它们也指多个，甚至一个生物的全部性状。从花色这个例子可以看出，一个表现型可能不止有一个基因型。而且，表现型是基因型与环境相互作用的结果，所以一个基因型也不止有一个表现型。

孟德尔在上述试验的基础上，又研究了豌豆两个性状的遗传规律。在这项研究中，他选择了豆粒形状（圆与皱）和豆粒颜色（黄与绿）两个性状。他用这两个性状的纯种，即圆粒黄种（$RRYY$：R 代表圆粒基因，显性；Y 代表黄色基因，显性）和皱粒绿种（$rryy$：r 代表皱粒基因，隐性；y 代表绿色基因，隐性）进行杂交。

孟德尔认为基因是独立遗传的，从两种性状杂交的第一代（F$_1$）的种子基因型为 RrYy，即表现为全部植株的种子都是圆粒黄种。在第二代（F$_2$）的 16 种合子类型中，决定种子圆、黄的 RY 有 9 种；决定种子皱、黄的 rrY 有 3 种；决定种子圆、绿的 Ryy 有 3 种；决定种子皱、绿的 rryy 有 1 种。以算式表示为 RY：rrY：Ryy：rryy=9：3：3：1。就其中一个性状的显性与隐性基因的比例看，R（RR+Rr）：rr=12：4=3：1；Y 与 yy 的比例也如此。

杂交亲本	RRYY	×	rryy

生殖细胞　　　　RY　　ry

F$_1$合子类型　　　　　Rr Yy

F$_1$　×　F$_1$

F$_2$合子类型（如下表所示）

E＼P	RY	Ry	ry	rY
RY	RRYY	RRYy	RrYy	RrYY
Ry	RRYy	RRyy	Rryy	RrYy
ry	RrYy	Rryy	rryy	rrYy
rY	RrYY	RrYy	rrYy	rrYY

P 代表父本，E 代表母本，F 代表子代

豌豆种子圆与皱、黄与绿等位基因在后代中的分布

此理论推算值与试验数据比较结果如何呢？

试验得出第二代种子数为 556 粒，其中豆粒圆、黄者为 315 粒，皱、黄者为 101 粒，圆、绿者为 108 粒，皱、绿者为 32 粒，这四类种子的比例约为 9：3：3：1。若只考虑一个性状，即种形的圆与皱或种色的黄与绿，显性

与隐性的比例仍为 3∶1。与理论推算数据相符，这说明独立分离与自由组合的理论是正确的。于是，孟德尔又根据上述结果，得出了第二定律，即自由组合定律。

有一个耐人寻味的故事在遗传学界广为流传。著名的剧作家萧伯纳有一天在公园邂逅一位影星。寒暄之后，这位影星得知面前的绅士竟是仰慕已久的剧作家，不禁爱意顿生。她挽着萧伯纳的手说："让我们结合吧，我们的孩子一定有你的智慧和我的美丽。"萧伯纳幽默地说："如果生的孩子像你一样愚蠢，像我一样丑陋又该如何呢？"

萧伯纳

这个故事形象地说明了孟德尔第二定律，也就是，在不同基因对中，基因成员的行为和分配是独立的，彼此可以自由组合，所以遗传学第二定律也叫作基因独立分配定律，又叫作基因自由组合定律。

孟德尔提出的遗传中基因分离定律和自由组合定律不仅应用于植物研究，也广泛用于动物及人类正常性状或遗传病学研究，他的研究方法迄今仍为遗传学家所遵循，所以孟德尔也被誉为"现代遗传学之父"。

"小家伙"的大贡献

孟德尔的理论来自豌豆试验，他为我们解开了不少遗传谜团，但在此后几十年间未能引起科学界重视，其中一个重要原因就是人们不知道他所说的遗传因子到底是什么，存在于生物体的什么地方，或者通过什么设备能观察到。即使到了 1909 年，丹麦遗传学家威尔赫姆·路德维希·约翰逊（1857～1927 年）提出的"基因"一词也只是一种概念，并无实际观测数据支持。直到染色技术等问世，这些所谓的遗传因子和它们所隐藏的"处所"，才逐渐露出"真容"。

美国遗传学家托马斯·亨特·摩尔根（1866～1945 年）在约翰·霍普金斯大学获得博士学位。最初，他的兴趣是研究胚胎学，但在 1909 年转向研究果蝇。

果蝇虽小，但很适于用来作为遗传学研究对象，因为果蝇的寿命短，大约只有两周的生命周期，世代交替迅速；而且个头较小，长度不过 0.4 厘米，便于实验室饲养；性状（如眼睛颜色）明显可辨，利于分析……这些特征表明，果蝇是非常难得的研究真核生物遗传奥秘的模式动物，所以遗传学家摩尔根的朋友对他说，"这是上帝特意为你准备的研究材料"，也有朋友戏称果蝇就是摩尔根的"小鲜肉"。摩尔根研究果蝇的眼色遗传原因，创立基因论，并因此于 1933 年获得了诺贝尔生理学或医学奖。

显微镜下的果蝇

简单地说，摩尔根的理论就是指生物体的遗传因子之间彼此连锁，在染色体上的距离远近对连锁程度有重要影响，距离越近，连锁程度就越大；反之距离越远，连锁程度就越小。而且，分别来自父本和母本的遗传因子可以互换，这可能就是兄弟姐妹之间表现出与父母特征有差异的原因之一。

摩尔根的另一重要发现是伴性遗传理论，即有的性状男女表现不一，如红绿色盲症的遗传，原因在于这些性状是由性染色体控制的。所以，有人把基因连锁和伴性遗传称为遗传学第三定律。

实际上，基因连锁遗传的事例不胜枚举。例如，摩尔根发现，果蝇眼睛的颜色在雌雄中有所不同。据此，他认为，眼睛颜色的性状基因携带于性染色体上，因此这类基因又被称为性染色体连锁基因，而这种遗传叫作伴性遗传，

托马斯·亨特·摩尔根

也就是有"伴随性别之意"。就像母亲的一些特征只遗传给儿子、不遗传给女儿，决定这些特征的基因一定是性染色体连锁基因。相传，英国皇室有一个奇怪的现象，即女王只将血友病遗传给王子，而不会遗传给公主。这一故事就体现了伴性遗传的特征。如果一个基因在二倍体细胞[①]中只有一份拷贝，没有对应的等位基因，则这个基因就叫作半合子基因。动物性染色体中的 Y 染色体上的基因都是半合子基因，雄性性染色体中的 X 染色体上的基因也如此，因为它们没有对应的等位基因。因染色体丢失而造成的单价染色体，也具有半合子性。"儿子长得像母亲"，这句俗话不无道理，是针对与性染色体连锁的隐性基因而言的。

现在，关于确定相关基因究竟定位于哪条染色体上的问题，已有不少解决办法，其中常用的方法是利用染色体缺失突变体。

由于某些自然因素或人工诱变因素，以及杂交时外来染色体的排斥作用等，生物往往丢失一条或一对染色体，丢失的染色体可以根据针对细胞的显微镜观察予以确认。既然染色体决定性状，这种丢失必然造成性状的变化，所以决定这些性状的基因一定位于丢失的染色体上。

当然，在分子层面也可以对此做出判断，我们将在后文中加以解释。我们确认在同一条染色体上的各个基因的排列顺序，对了解染色体结构、亲本性状在后代中的表现，以及育种中的组合配置，都有重要意义。染色体是有关遗传学中最基本的概念，是不可或缺的知识之一。

孟德尔遗传定律解决了基因独立分配问题。按照这一理论，等位基因的

---

① 二倍体细胞指凡是由受精卵发育而来，且体细胞中含有两个染色体组的生物个体，均称为二倍体。人和几乎全部的高等动物，还有一半以上的高等植物的细胞都是二倍体。

两个成员在后代基因中出现的概率应为 50%，也就是说，来自亲本双方的基因应各占一半，但现实并非如此。如前所述，合子发生减数分裂时，父本染色体与母本染色体会发生交换，基因之间发生重新组合（重组）的现象。同一条染色体上的两个基因离得越近，在与另一条染色体进行交换时，一起被交换的可能性就越大；离得越远，一起被交换的可能性就越小。于是，通过基因之间重组的概率，便可测知一条染色体上各个基因之间的距离。根据基因彼此的距离，就能将染色体上各个基因的座位绘制出来。基因之间的距离叫作图距，我们可以根据下述公式算出基因之间的图距。

$$图距 = \frac{产生的重组体数 \times 100}{子代个体总数}$$

为纪念遗传学家摩尔根，图距的单位便叫作厘摩。一个厘摩等于 1% 的交换率（重组频率）。假设 A 基因与 B 基因的图距为 5，B 基因与 C 基因的图距为 5，C 基因与 D 基因的图距也为 5，则 A 基因与 D 基因的图距应为 15。

需要说明的是，图距的测定同所用的两对等位基因无关，因为基因在染色体上的位置是固定的，不会因测量工具而变，也正因为如此，若两基因的距离用某两对等位基因不便测定，就可更换为另外的等位基因予以测定。这只是最简单的情况，针对比较复杂的情况我们就不详述了。

由此看来，各个基因在同一染色体上的位置是一种物理属性，犹如我们的耳、鼻、眼、嘴等器官一定长在特定位置，就像影剧院的座位有固定的编号一样。基因在染色体上的位置，叫作位点，实际上就是座位号的雅称，按照位点在染色体上排列顺序作成的图叫作遗传图。此外，需要说明的是，图距的测量是根据两个基因之间的重组率，也就是根据重组的概率，所以在测定时需要足够大的生物群体，否则很难做统计处理。再者，生物的基因非常多，因此作图是一件颇费时间和精力的事，不能一蹴而就。

来自亲本双方的染色体，配对极为严格，只有携带相同性状的基因，其大小和形状又都相等的染色体才能完成配对，不仅性染色体不能同常染色体配对，就连常染色体之间也不会随意搭配，否则会出现严重的遗传问题。位于同一条染色体上的基因叫作连锁基因，彼此之间的关系就称为连锁关系。这些基因都在同样的染色体上，故称为连锁群。因一对染色体两个成员的基因（如一条染色体上的基因 C 与另一条染色体上的基因 c 或 C）具有等位关系，即一条染色体上的基因位置，同对应的另一条染色体上的基因位置相同，所以一个生物的基因连锁群的数目原则上等于单倍体的染色体数目。

本节内容取名"'小家伙'的大贡献"，绝非哗众取宠，因为选材是科学研究成功与否的重要因素，不管是模式植物、模式动物，还是模式细菌，联想前文提及的豌豆试验和第三章即将"出场"的肺炎双球菌，都为遗传学的发展做出了里程碑式的贡献，而且贡献还会与日俱增。因为"小而优"、易操作等特点，这些"小家伙"是作为模式生物的首选。

遗传信息的"携带者"——染色体

我们已经知道，地球上的生物从宏观上可分为动物、植物及微生物等，每类生物又可分出很多类型。例如，人种有黄色人种、白色人种、黑色人种、棕色人种等。而同一人种中，人的长相又不一样，有的人是双眼皮，有的人是单眼皮；有的人鼻梁高，有的人鼻梁低……那是什么因素决定生物的类型呢？

大家可能会想到是因为基因的影响，究竟是不是这一原因呢，让我们来详细探寻一番。

在遗传学中，我们把生物外表的特征称为表现型，即外部显现的特征类型，如人的眼球颜色呈现黑色或蓝色、鼻梁高或低等。而决定这些表现型的遗传因子称为它的基因型，也就是说，有什么样的基因型，就会有什么样的表现型。虽然基因决定我们长成什么样貌，但生长环境对发育也有一定的影响。所以严格地说，表现型是基因型与环境因素相互作用的结果。

那么，生物体中的哪些物质决定基因型呢？

前文曾提及，遗传物质就聚集于真核生物的细胞核和原核生物的拟核区。我们在显微镜的辅助下观察细胞核可发现，细胞核经酸固定后可被碱性染料所

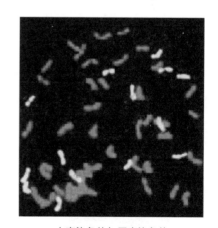

小麦染色体与黑麦染色体

注：小麦染色体与黑麦染色体同处于一个细胞，红色者为小麦染色体，黄色者为黑麦染色体

着色，染上色的物质呈线状结构，我们把它称为染色质；当细胞分裂（即细胞进行繁殖）时，染色质紧密缠绕而成为染色体，这就是细胞中遗传信息的携带者。这一现象说明，决定生物性状的遗传因子以线性形式分段排列在染色体上。

我们从孟德尔的豌豆试验中已了解到，他认为在生殖细胞中含有控制性状发育的遗传因子（基因），而且在体细胞中，基因是成对存在的。当科学家在显微镜下研究染色体时，发现真核生物每一物种的染色体都有其特定的数目、形状、大小和组成方式。此外，体细胞的染色体都是成对排列的，而生殖细胞（精子和卵子）在彼此结合以前却不成对，即仅含一组染色体。因此，体细胞是二倍体，生殖细胞是单倍体。生殖细胞一旦结合，就形成了二倍体的合子（受精卵），其中一半来自父本，另一半来自母本。受精卵实际上已经是体细胞，它一旦形成，就意味着一个新生命的开始。因为受精卵会以 2^n 的方式，即一分为二、二分为四……的方式进行分裂，然后发育、生长成为一个个体，这种分裂方式叫作有丝分裂。例如，人类的生育——父亲的精子与母亲的卵子结合后形成受精卵，受精卵分裂发育成胚胎，胚胎在母亲子宫内生长（胚胎组织的细胞不断分裂、分化），经过 40 周左右形成待分娩胎儿。胎儿出生后，在成长过程中，细胞还在不断分裂、死亡、再分裂，直至这个生命的终结。

让我们以一对染色体为例，看看细胞有丝分裂的过程。下图中，一对染色体中的一条来自父本，另一条来自母本，分裂过程中每条染色体都自行复制，然后分到两个子细胞中，结果一个二倍体细胞变为两个二倍体细胞。

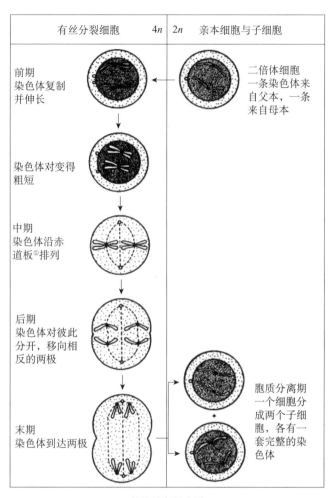

细胞的有丝分裂

由上图可见，体细胞的染色体在进行有丝分裂之前，亲本的染色体会先行复制，这样就保证了分裂后形成的子细胞中都含有一份亲本的染色体。

生殖细胞的形成则涉及另一类细胞分裂方式，即减数分裂。

减数分裂过程大体与有丝分裂相似，生殖细胞的母细胞也是二倍体的体细

---

① 赤道板，指细胞有丝分裂或减数分裂时期，中期染色体排列所处的平面，即纺锤体中部垂直于两极连线的平面。

胞，它在进行减数分裂之前，各条染色体也是先行复制。所不同的是，在第一次分裂初期，同源染色体彼此靠近，发生联会（配对），形成二价体①，然后分别移向两极，细胞遂发生分裂，形成两个各含有一对染色体的子细胞，然后这一对染色体又移向两极，遂发生第二次分裂，结果共形成 4 个子细胞，每两个各含有一条同源染色体。于是，每个子细胞只有一套染色体，故是单倍体，它们成熟后即形成精细胞和卵细胞，成为未来组成合子的一方，所以又称作配子。

减数分裂是亲代将其性状遗传给后代的基础。为什么我们的性状中有些方面像父亲，而有些方面像母亲呢？对此，同样可以用染色体的理论予以解释。我们知道，决定性状的基因在染色体上呈线性（分段）排列，两个配子在相应染色体上的基因种类和排列顺序都相同，两条染色体同一位置的基因叫作等位基因。如前所述，等位基因决定同一性状，但这一对等位基因在决定表现型的作用上并非完全相同，有的基因只要亲本一方有，就能在表现型上显示出来，此基因便叫作显性基因；相反，有的基因只有亲本双方都有才能显示，此基因便叫作隐性基因。这就意味着，若等位基因同时包含显性基因和隐性基因，则隐性基因的作用就被显性基因所掩盖，机体就表现出显性基因决定的性状；只有在后代中两个隐性基因"碰"到一起时才可表现出隐性基因决定的性状。所以，在后代的分离中，同一性状有不同的表现。因此，重温显性基因和隐性基因的概念，可以加深对孟德尔第一定律的理解。

此外，在减数分裂过程中，在二价体阶段，亲本双方的染色体有一条发生交换，结果是同一条染色体有些基因来自父本，有些基因来自母本。当然，染

---

① 二价体是减数分裂前期 I 的粗线期中两条同源染色体配对后，原来 $2n$ 条染色体形成 n 对染色体，每一对含有两条同源染色体，这种配对的染色体称为二价体。

色体的交换不止发生在一处，因此，可以形成包括各种基因的重组染色体，使我们在许多特征上有些方面像父亲，有些方面像母亲，就不足为奇了。

细胞的这两种分裂方式对理解基因重组、变异和创造新生物体等领域的内容非常重要，在之后的章节中，我们将结合具体情况加以讨论。

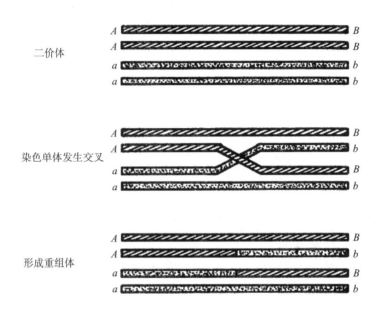

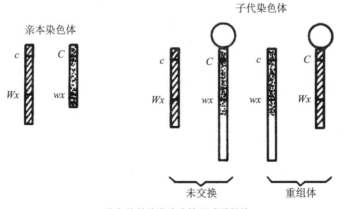

染色体单体发生交换形成重组体

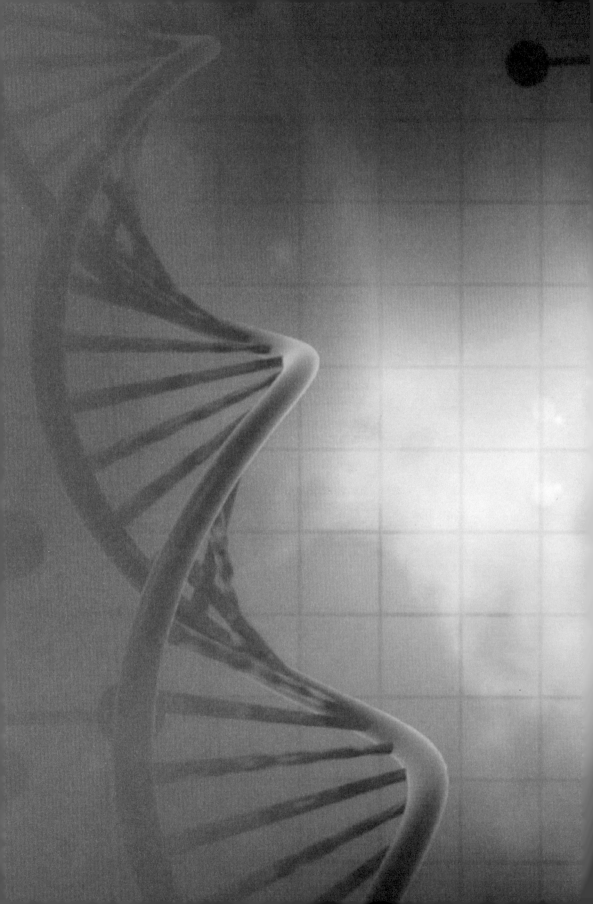

03

双螺旋
"灯塔"

很多人都知道，DNA 分子呈现双螺旋结构，这一发现被誉为 20 世纪最伟大的科学发现之一。DNA 分子双螺旋结构的发现者是美国生物学家詹姆斯·沃森和英国生物及物理学家弗朗西斯·克里克。

詹姆斯·沃森　　　　　　　　　弗朗西斯·克里克

在光学显微镜下，我们可看到存在于细胞核中的遗传信息携带者——染色体，这是细胞水平的遗传物质。随着科学技术的发展，科学家利用电子显微镜、X 射线晶体衍射等技术，则可实现分子水平的遗传物质研究。他们发现染色体实际上是由核酸和蛋白质构成的，而在遗传过程起重要作用的是核酸，更确切地说，是脱氧核糖核酸，即 DNA。

DNA 双螺旋模型的问世

DNA 是脱氧核糖核酸的简称，也是其英文名称 deoxyribonucleic acid 的缩写。这是很早就被发现的一类生物化合物或现代所称的生物大分子，是一种双螺旋结构的分子，每条螺旋的基本结构单位是核苷酸[①]，生物的 DNA 分子一般由 4 种核苷酸组成，即腺苷酸、胸苷酸、胞苷酸和鸟苷酸，但在不同 DNA 分子中，4 种核苷酸的比例和排列顺序不尽相同，因此可构成各种基因。

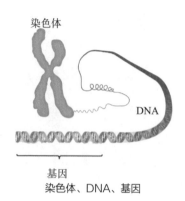

染色体、DNA、基因

DNA 结构的发现者沃森
和克里克在讨论 DNA 分子模型

核苷酸又由含氮碱基、磷酸和脱氧核糖或核糖（一种五碳糖）连接而成，4 种核苷酸各不相同在于其所含的含氮碱基不同。碱基主要有 4 种，即腺嘌呤（A）、胸腺嘧啶（T）、胞嘧啶（C）和鸟嘌呤（G），在转录为 RNA 后，胸腺嘧啶（T）会转化为尿嘧啶（U），括号中的字母是指碱基的英文名称的第一个字母。为简便起见，4 种碱基相应地也写作 A、T（U）、C、G。

核苷酸彼此相连而成为链状的多核苷酸。在这种连接中，磷酸分子起着穿针引线的作用，它分别与相邻的脱氧核糖在 3′端和 5′端位置相连。这里所说的 3′端和 5′端是指脱氧核糖中碳原子的位置。

---

① 核苷酸是一个或多个磷酸基团通过与一个核苷上的糖基部位缩合成二酯键而形成的一种化合物，是构成核酸的基本单位。

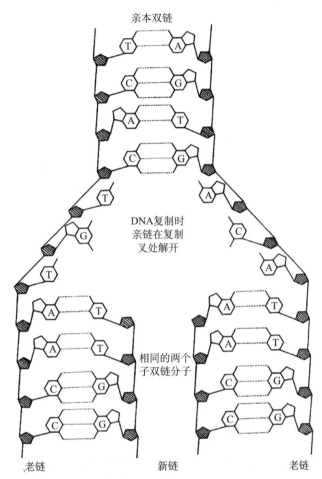

亲本双链

DNA复制时
亲链在复制
叉处解开

相同的两个
子双链分子

老链　　　　　　　新链　　　　　　　老链

DNA碱基配对与DNA复制图的每侧是一条DNA链的简单结构

　　由上图可知，一个完整的自然状态的 DNA 分子是由两条链构成的，两条链之间不是杂乱无章地堆砌，此链的 A、T、C、G 与彼链的 T、A、G、C 有严格的匹配关系，从而形成有规则的、条距一定且螺距一定的双螺旋结构。

　　对于 DNA 结构，有两大特点必须予以充分重视。一是，DNA 是由两条多核苷酸链构成的；二是，一条链上的碱基同另一条链上相应部位碱基的匹配关系是绝对严格的，即 A 对 T、C 对 G，决不会发生"乱点鸳鸯"的情况。这两大特点对于理解 DNA 何以能担当遗传"重任"颇有帮助。

　　DNA 分子的这种结构完美地解释了遗传的关键问题：（雌雄）互配、复制、世代绵延等问题。DNA 双螺旋结构的发现也是"联手作战"的成功范例。

　　"联手作战"的主角就是詹姆斯·沃森、弗朗西斯·克里克，以及罗萨琳·富兰克林。沃森承认，是莫里斯·威尔金斯（英国分子生物学家）悄悄地将富兰克林关于 DNA 结构的 X 射线晶体衍射图像给他们。同时，两人身处学术中心的剑桥大学，可以同时获取伦敦等地研究者的成熟资料，借用了包括威尔金斯和另一位核酸大师卡伽夫在内的同行和访问学者的灵感，汲取这些学者弥足珍贵的意见，才能成功地发现 DNA 的结构。

沃森与克里克

　　此外，许多科学家指出，沃森和克里克发表的论文也有不尽完美之处。面对批评，他们不仅没有愠色，反而闻过则喜，承认这一结构的确还不够严密。随后，有两篇文章对此结构作了补充，一篇是威尔金斯等关于小牛胸腺

DNA 等的 X 射线的数据，另一篇是罗萨琳·富兰克林等构建的更为详尽的 DNA 的 X 射线模型，从而使 DNA 双螺旋结构的新理论更加完美。所以，沃森在 1968 年出版的《双螺旋》一书中，毫不掩饰地表达了对这些研究者的感激之情。实际上，1962 年的诺贝尔生理学或医学奖同时授予了沃森、克里克和威尔金斯三人，由于当时罗萨琳·富兰克林已经去世，按照授奖规则，未列入授奖名单。

沃森和克里克非常注重 DNA 在生物遗传中的重要作用，而不是仅着眼于其结构，他们也注意到了 X 射线数据和模型在阐明 DNA 结构中的意义。但是，美国化学家莱纳斯·卡尔·鲍林等在探讨 DNA 时，更多地注重其化学结构，并未注意这一结构蕴藏的生命意义。

尽管有这些有利条件，沃森和克里克仍在错误的道路上踯躅了两年，尝试有关 DNA 结构的各种错误选择，最后又利用了卡伽夫有关核酸碱基的基本知识和碱基比例的数据，对它们加以综合比较，经过一段时间的思考，才提出合理的具有生物学意义的 DNA 结构模型，并很快发表了论文《脱氧核糖核酸结构的遗传学含义》。

所以，DNA 双螺旋结构能够赢得诺贝尔奖是综合了多学科领域的多位科学家的贡献，不仅是沃森与克里克树立的"丰碑"，而且是当时相关研究者共同的科研结晶。

我们再来看看，脱氧核糖核酸结构与其他研究者曾推想的有什么区别。最根本的不同就是，这一结构除了融合一般的化学概念外，还有全新的特点，就是 DNA 的两条链上嘌呤和嘧啶碱基是严格互补的，这成功地解释了 DNA 的稳定性和变异性，也阐明其自我复制的原理。

沃森和克里克的 DNA 模型虽显粗糙，却能够在分子水平上对 DNA 严格复制自身给予合理解释。他们曾说："我们注意到碱基之间的特殊匹配关系，并认为这可能就是遗传物质 DNA 的复制机制所在。"其实，克里克早就想到了这种模型的遗传含义，但沃森比较谨慎，担心模型有误，后来在克里克的坚持下才指出这一结构的遗传意义。克里克对沃森说："如果我们不说，别人也会说，他们不会看不到这一点。"因此，在论文《脱氧核糖核酸结构的遗传学含义》中，他们指出这一模型的遗传意义，即碱基的严格顺序是遗传信息的"密码"所在。再者，两条链的碱基顺序严格互补，因此两链拆开后，每一条都可以作为模板，合成新的子链。

DNA 双螺旋结构模型提出以后，大约又过了 5 年，研究者通过一系列的实验对模型的真实性进行了验证，其中，有两件事值得大书特书。一是，1958 年，鲍林的博士生梅塞尔森和德尔布吕克教授的博士后助手斯塔尔，用同位素示踪法研究 DNA 两条链在自我复制过程中的踪迹，证明在新合成的 DNA 分子中，确实有一条链与原先的链完全一样，所以在复制时有一半 DNA 被保留下来。换句话说，就是新合成的 DNA 分子是老链（母链）与新链（子链）构成的分子，即每一条老链都结合一条新链，这就是著名的"半保留复制"理论，由此看来，魏斯曼的种质学说也不无道理。二是，1957 年，美国生物学家阿瑟·科恩伯格在大肠杆菌中发现了 DNA 聚合酶，这是一种参与 DNA 复制的酶。至此，可以说沃森和克里克关于 DNA 遗传含义的理论已被完全证实了。

日臻完美的遗传法则

自 DNA 双螺旋结构被发现之后，生物学研究以前所未有之势迅猛发展，甚至有关生物学书籍的出版和发行也比 1953 年之前增长了许多倍。在此基础上，研究者逐渐形成一种公认的遗传学法则，即遗传信息由 DNA 传递给 RNA，最后再传递给表现生物特征的蛋白质，也就是克里克总结的规律：DNA－RNA－蛋白质，这一规律被科学界称为"中心法则"。

在这一法则指导下，许多重大发现纷至沓来。首先，研究者发现了遗传密码，也就是决定蛋白质分子中氨基酸的核苷酸。遗传密码的发现和确定，既证实了中心法则的真实性，又为人工改造基因提供了可循之路。其次，这也为科学家人为干预或改造基因提供了可能，可以说限制性内切核酸酶和 DNA 连接酶的出现恰逢其时，为科学家提供了"武器"，它们可以准确地切开某一生物的 DNA，在缺口处插入所需的外源 DNA 片段或基因，重组 DNA 技术由此诞生。这就是以基因工程为核心的生物工程的理论和技术基础，它被广泛用于包括转基因生物、基因治疗和基因编辑等领域。此外，我们还必须提及核苷酸序列测定技术的完善，由于这项技术的发展，使人类基因组和水稻基因组计划得以实现。

3 个碱基决定 1 个氨基酸，故这种密码叫作"三联体密码"，被戏称为"遗传三字经"。但碱基共有 4 种，其排列组合共计 64 种，而在自然界中，氨基酸种类只有 20 种，所以会有一个氨基酸对应几种遗传密码的情况，即会有简并①发生，实际情况与这种推测完全相符。

---

① 简并，在遗传学中，指两种或多种核苷酸三联体决定同一种氨基酸。

		第二碱基			
		U	C	A	G
第一碱基	U	UUU, UUC: Phe UUA, UUG: Leu	UCU, UCC, UCA, UCG: Ser	UAU, UAC: Tyr UAA, UAG: Term	UGU, UGC: Cys UGA Term UGG Trp
	C	CUU, CUC, CUA, CUG: Leu	CCU, CCC, CCA, CCG: Pro	CAU, CAC: His CAA, CAG: Gln	CGU, CGC, CGA, CGG: Arg
	A	AUU, AUC, AUA: Ile AUG Met	ACU, ACC, ACA, ACG: Thr	AAU, AAC: Asn AAA, AAG: Lys	AGU, AGC: Ser AGA, AGG: Arg
	G	GUU, GUC, GUA, GUG: Val	GCU, GCC, GCA, GCG: Ala	GAU, GAC: Asp GAA, GAG: Glu	GGU, GGC, GGA, GGG: Gly

遗传密码图

氨基酸缩写：

Phe= 苯丙氨酸；Leu= 亮氨酸；Ile= 异亮氨酸；Met= 甲硫氨酸；Val= 缬氨酸；Ser= 丝氨酸；Pro= 脯氨酸；Thr= 苏氨酸；Ala= 丙氨酸；Tyr= 酪氨酸；His= 组氨酸；Gln= 谷氨酰胺；Glu= 谷氨酸；Asn= 天冬酰胺；Lys= 赖氨酸；Asp= 天冬氨酸；Cys= 半胱氨酸；Trp= 色氨酸；Arg= 精氨酸；Gly= 甘氨酸

Term 代表终止

向功能推进

从孟德尔、摩尔根到沃森与克里克，遗传学研究始终沿着寻找遗传物质和确定它的结构这一主线进行，即使涉及功能，也是粗线条式的探究。我们不知道为什么在很久以前就已“分道扬镳”的人类和老鼠的基因组核苷酸序列会很相似。既然基因组的核苷酸序列无法解释人、老鼠和黑猩猩之间的明显差异，那么一定会有未知的东西决定着这些差异。我们尚不完全明确蛋白质如何获得正确的构型并发挥功能，变异的蛋白质如何导致疾病发生。人类基因组计划尽管意义巨大，但也仅是认识遗传与生命活动这条"长河"中的一个区段。从这个意义来看，DNA 双螺旋结构的发现也只能是漫长道路上的一个"里程碑"，研究者今后的任务不只是给 DNA 序列加上标记，找出对应基因这项非常庞大的工程，而且要找出基因在时间和空间上的"开关"，找出它们之间的相互作用和影响关系，以及发现其调控机制和"防御外来入侵者"的机制。对于基因的功能和调节控制的研究，我们姑且当作"后基因组"时代的研究热点，它的研究道路更长，任务更艰巨，更富有挑战性，可能需要几代人的不懈努力。

谁是"主宰者"？

按照中心法则的观点，DNA 仿佛是主宰一切的上帝，而 RNA 只是 DNA 的"影子"，如影随形而已。诚然，大多数情况的确如此，但有无例外？实际上，RNA 对 DNA "主宰"地位的"竞争"或"挑战"一直没有停止过。

这一问题在美国生物学家霍·坦明、戴维·巴尔的摩和雷纳托·杜尔贝科发现能催化由 RNA 合成 DNA 的逆转录酶后才得到证实，即在某些情况下，最初的遗传信息也可能携带于 RNA 上，然后传递给 DNA，这一过程叫作逆转录。不仅如此，RNA 在酶的作用下，能自我复制，这与 DNA 的功能多少有些相似，更有甚者，还有一类微 RNA[①] 游弋或结合在基因周围，控制着基因的开启、沉默或表达。因此，能够"指挥"DNA 的这种能力，就是所谓的RNA 干扰（RNA interference，RNAi）。它最初在某些植物中被发现，现在已见于多种植物、动物和微生物中，很可能是普遍现象，对于研究基因功能的调节控制、遗传物质的起源，以及在基因治疗中的应用，都有重大意义。

➤ 耐人寻味的插曲

作为 DNA 双螺旋结构的发现者，沃森和克里克似乎都受到了奥地利物理学家埃尔温·薛定谔所著的《生命是什么》一书的启发而立志研究基因。当沃森和克里克发现了 DNA 的结构及其遗传意义时，薛定谔也许已经对此问题失去兴趣，以致克里克在《自然》杂志上发表论文后寄给他样刊，竟未得到他的回信。这与孟德尔的遭遇有些相似，孟德尔在读书时期就很崇拜瑞士植物学家内格里，所以将自己论文的副本寄给他，以求得到指教和鼓励，不料内格里对孟德尔的发现不屑一顾。这两个故事有些相似，所以，科学研究者遭遇冷落、误解是常出现的事情，科学家也要勇敢面对，用研究成果来验证真理。

科学发现生生不息，这一方面源于新发现和新实践，另一方面也由于这些发现和实践激起人们的奇思妙想，使科研人员不断探索。遗传分子研究的进展亦如此，4 种碱基决定 20 种氨基酸，从而决定生命的结构，是生命存在

---

① 微 RNA，即 microRNA，简写为 miRNA，是一类由内源基因编码的长度约为 22 个核苷酸的非编码单链 RNA 分子，它们在动植物中参与转录后基因表达调控。

的基本形态。但是，科学家依据最新发现，提出还有另类罕见的 6 碱基和 8 碱基的 DNA 结构。

6 碱基结构是在经典的 A-T 和 C-G 之外，又加入 X-Y 碱基，有研究者将这种陌生的碱基对导入大肠杆菌，并未遭遇排斥，而且可以被复制。按数学组合推算，这种 6 碱基的 DNA 应该可以形成 172 种氨基酸，但目前还没有发现这么多氨基酸，或许在有生命的其他星球上可以有幸"找到"。6 碱基 DNA 的构象极大地唤起了科学家的兴致，人们猜测 6 碱基是否构成 DNA 组成的极限？经过不断研究推测，8 碱基构象脱颖而出。

新碱基被命名为 Z-P 和 S-B，这种稀有 DNA 被称为 hachimoji（hachi 代表数字 8，moji 是这一分子的符号），形成的 8 碱基 DNA 晶体结构完美无缺，碱基配对正确无误。4 碱基 DNA 和 20 种氨基酸可能是地球生物进化和选择的结果，过多的碱基和氨基酸种类可能不利于生命的生存和繁衍，在演化过程中最终形成了 4 碱基和 20 种氨基酸的生命系统。不过，如果其他星球上也有生命存在，是否像地球一样，就不得而知了。

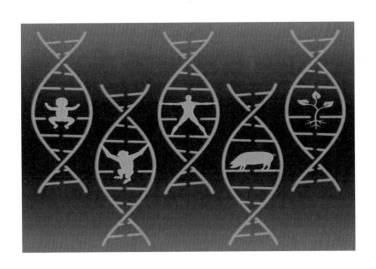

肺炎双球菌转化试验

DNA 遗传决定地位的确立，并非靠其化学结构的推论。事实上，由于生物大分子——蛋白质，主要是由 20 种氨基酸构成，而听上去这 20 种显然比 4 种复杂得多，所以研究者在探索"遗传决定者"时，长期踯躅于蛋白质与核酸的研究之间。DNA 的"遗传决定者"地位的确定，像确定其他生物规律一样，主要是依靠实验证据。如果把具有某种遗传性状的生物 DNA 提取出来，再转到没有这种性状的生物中去，后者便会获得此性状，这种技术叫作转化。DNA 作为遗传物质被发现和证实，正是依靠这种技术。

早在 1928 年，英国细菌学家格里菲斯就曾用肺炎双球菌做实验。肺炎双球菌有两种类型，一种有荚膜多糖，菌落形状比较光滑，称为 S 型（S 是英文"smooth（光滑）"一词的首字母），这种类型的肺炎双球菌有毒，能杀死小鼠；另一种无荚膜多糖，菌落形态比较粗糙，称为 R 型（R 是英文"rough（粗糙）"一词的首字母），对小鼠无毒。用经煮沸处理过的 S 型的肺炎双球菌给小鼠注射，小鼠安然无恙；但若将煮沸处理过的 S 型细菌，加上活的 R 型细菌，一起注射到小鼠体内，小鼠却死去，而且可以从死小鼠体内分离出活性的 S 型细菌。这说明，煮沸处理过的 S 型细菌中的某种物质将活性的 R 型细菌转变成了 S 型细菌。当时，研究者把这种物质笼统地称为转化因子，因为那时虽已知真核生物含有核酸，但不知原核生物也含有核酸。

后来，美国细菌学家艾弗里等先用无活性的 S 型细菌的无细胞提取物，如多糖、蛋白质和 DNA 等，分别加到活性 R 型细菌中，然后再注射到小鼠体内，结果只有加入 S 型细菌 DNA 的一组使小鼠死亡，而加入 S 型细菌蛋白质或其他成分的各对照组都无此效果。

转化技术不仅使人们认识到 DNA 是重要的"遗传决定者"，而且是遗传工程技术的重要组成部分。我们设想把生物的优良性状组合在一起，使性状在生物之间进行转移，就需要运用转化技术。

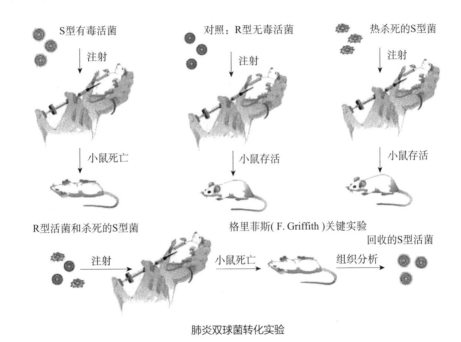

肺炎双球菌转化实验

此外，DNA 还有一个特点，就是有许多特别的顺序可以被相应的内切酶①切割，虽然这对说明其遗传决定作用没有太大意义，但对于揭示基因在染色体上的位置非常重要，有关内容在后文中将会谈到。

至此，我们已经详述了遗传物质中细胞水平的染色体和分子水平的 DNA。这两者在本质上是一致的，因为染色体的化学本质，或者像在简单的

---

① 内切酶即内切核酸酶，是能够水解核酸分子内磷酸二酯键的酶。

原核生物中那样，本身就是 DNA；或者像在复杂的真核生物中那样，染色体是核酸与蛋白质的复合体（核蛋白）。在后者中，起遗传决定作用的并非复合体中的蛋白质部分，而是 DNA 部分。

此外，我们还需补充一点，除染色体携带 DNA 外，还有在染色体外的 DNA，它们也有基因。在细菌中，染色体外游离着一类环形 DNA 分子，它们在细胞中有着特定数目的拷贝，能自我复制，而且含有特定基因。在真核细胞中，有两种存在于细胞质中的细胞器，即动植物共有的线粒体和植物特有的叶绿体，它们都有自己的 DNA 和特定的基因。

在此，我们需要再强调一次，生物的遗传不同于财产的继承，不是将自己的实体传给后代，而是将构成后代个体所需的全部遗传信息传给后代，生物类型就是由这些遗传信息所决定的，遗传信息主要载于 DNA 上；基因是遗传信息的基本单位，也就是遗传单位，从分子水平看，就是 DNA 长链上相应长度的一个片段，它只决定某一性状，如皮肤的黑或白、鼻梁的高或低，所以改变 DNA，即使改变它的一个碱基，便可能改变遗传特性，这就是遗传变异或包括遗传工程在内的人为改造生物的基础。

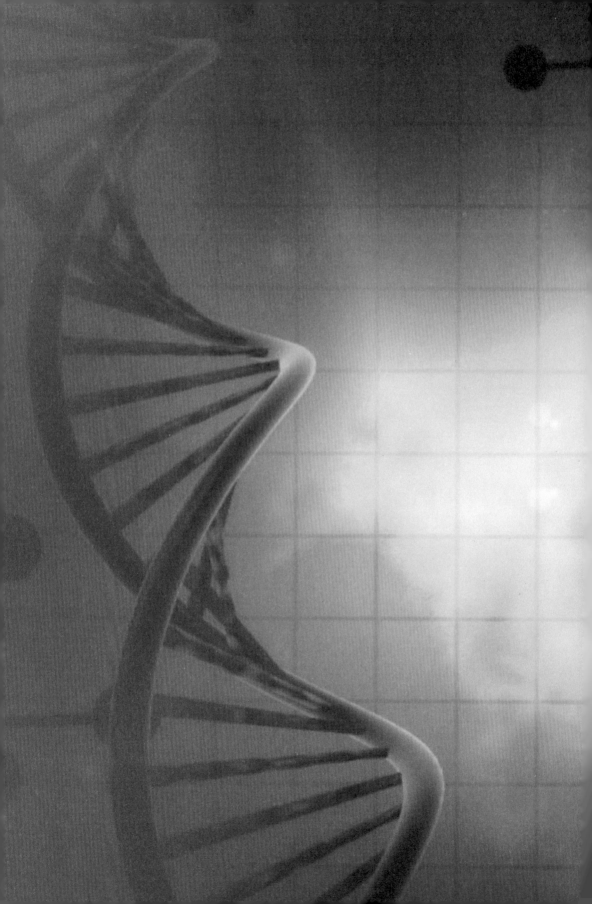

04 遗传工程
掠影

人们曾梦想能创造一种对人类有百利而无一害的生物，或者幻想自己拥有翅膀能像鸟儿一样在天空自由飞翔，像植物一样为自己制造食物，甚至幻想有朝一日可百病尽消、长生不老。有人觉得这类梦想幼稚可爱，有人觉得虽显荒诞，却并非没有合理的成分，能否利用遗传分子"塑造"出神奇的生物呢？比如，让某种动物同时具有人的智慧与老虎的勇猛，或者像植物一样，不用依靠进食而靠自身的光合作用制造食物。换句话说，就是能否把各种生物所具有的不同优点的 DNA 组合在一起，形成一种"完美"生物呢？

重组 DNA 技术假想图

重组 DNA 技术或通常所称的遗传工程就在这种渴望中应运而生，它正是一类塑造多面遗传分子的技术。这一理论和技术自 20 世纪 70 年代发展起来，到现在，许多赫赫有名的生命科学成就都离不开它的贡献，包括转基因生物、人类基因组计划、基因治疗和基因编辑等。

从遗传学专业的概念看，遗传工程是运用体外重组 DNA 技术获取含有基因或其他序列全新组合的 DNA 分子。具体而言，就是将一种生物和另一种生物的 DNA 提取出来，用"手术刀"（如限制性内切核酸酶等）从中切下所需的片段，继而将这两个 DNA 片段连接起来，构成重组 DNA 分子，再将它转移到某种目标生物中去，使重组 DNA 得以复制，并表现出携带的遗传信息，即合成相应的蛋白质。根据这样一条路线，遗传学家设计出如下相关的工程程序。

①分离和鉴定有益基因；

②构建能够运载并表达此基因的运输工具——载体；

③ DNA 的切割与拼接；

④转化——连接基因和载体，构成并转移重组 DNA；

⑤转移至受体；

⑥筛选具有重组 DNA 性状的受体生物个体——转化体；

⑦鉴定重组 DNA 所编码的蛋白质及有关表型；

⑧检验转化体基因有无变异。

只有在上述程序（至少前 6 项程序）都得出肯定结果后，我们才可以无愧地说，成功地把新基因引入到原本不具有它的生物之中。经过艰苦探索之后，科学家才能确认新基因引入成功与否。在这里，我们不妨多了解一些重组 DNA 技术的关键点。

分离和鉴定有益基因

现在，我们只探讨从真核生物的染色体中如何分离出特定基因，因为原核生物的基因分离相对来说比较简单，在此就不赘述了。

从真核生物的染色体中分离特定基因是一件非常困难而棘手的事，因为一个基因在整个染色体中的含量极微。例如，典型哺乳动物染色体长度约为10^9个碱基对，而一个基因却只有1 000～5 000个碱基对，因此，一个基因只占染色体DNA长度的很小一部分，且真核生物的基因多是隔断的，即在编码蛋白质的碱基序列之间常夹杂着非编码序列。这些困难告诉我们，捕捉一个基因犹如在万人攒动的人潮中辨认一个嫌疑人，而且由于其隔断的性质，即使被捕捉到，也不易将其组装到负荷有限的载体上。但办法总是有的，我们可以通过蛋白质分析把具有某一性状的蛋白质找出，分离出编码这一蛋白质的mRNA①（信使RNA），由此mRNA便可合成决定这种蛋白质的基因。首先，我们以这种mRNA为模板，在逆转录酶的作用下，合成互补的cDNA②链，这时mRNA链与cDNA"纠缠"为双链。然后，再经碱处理把此双链中的mRNA降解，继而在DNA聚合酶的作用下，以cDNA链为模板合成互补的新DNA链，此双链DNA就是编码该蛋白质的基因，这一过程的流程如下。

---

① mRNA即信使RNA，是由DNA的一条链作为模板转录而来的、携带遗传信息的、能指导蛋白质合成的一类单链核糖核酸。

② cDNA是指具有与某RNA链呈互补碱基序列的DNA。

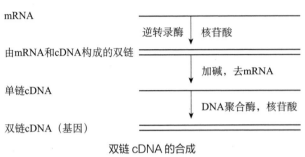

双链 cDNA 的合成

也许，研究者觉得这样得到的基因数量太少，无法满足研究需要，但随着技术的改进，要想得到足够数量的基因或 DNA，也并非难事。

有一位名叫凯利·穆利斯的美国生物化学家，一直在思索如何使 DNA 得以扩增，以便适应基础研究和实际应用的需要。一天晚上，在驱车途中，他终于找到灵感，就是利用微量 DNA 样品，用 DNA 聚合酶作为催化剂，经过反复循环，以对数方式合成大量 DNA。这一技术被称为聚合酶链反应（polymerase chain reaction，PCR），穆利斯也因这一技术荣获了 1993 年的诺贝尔化学奖。

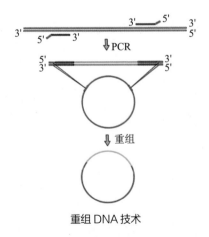

重组 DNA 技术

载体——构建能够运载并表达此基因的运输工具

基因分离出来后，是否可以将它直接引入受体细胞或其他生物中呢？

这也未尝不可，而且似乎是一条"捷径"。但是，一个孤零零的、裸露的基因往往不易进入细胞内，因为每种细胞都有称作限制修饰系统的屏障，以防止外来"入侵者"。即使基因能侥幸进入，也未必能在受体染色体上"插队落户"，其结果可能是被破坏或是在细胞分裂时被清除。所以，"孤军作战"的基因很难被植入细胞内，需要积累足够的量才能"突破防线"，这就需要有适当的复制系统。因此，科学家希望把各种基因保存起来，建立一个类似银行的基因库。这些问题的解决均需依赖于基因载体，即承载的实体。

载体也是一种DNA，物以类聚，否则基因就不易"入座"。载体是一种比染色体小得多的DNA，常用到的有两大类。一类叫作质粒，因存在于细胞质中，故名质粒；另一类是噬菌体。

载体的基本作用就是携带所需基因，并将它们运到适当的受体细胞中。入选载体必须具备的3项条件：一是具有复制功能，即能够复制自己和"侨居"（插入）的外源DNA；二是具有外源DNA"侨居"位点，即插入点，而且在此点入座不能造成两者基本功能的破坏；三是具有可供选择的标记，而且最好有两个标记，第一个标记用来确定载体是否在细胞中存在，第二个标记用来判断外源基因是否已"侨居"。第二个标记区常设在"侨居"位点，如果"侨居"成功，这一标记就会被破坏，即插入失活，由此可判断此基因是否插入成功。质粒、噬菌体这两大类载体都具备这些条件，但又各有特点。

质粒是一类不在染色体上，独立存在于细胞质中的环状 DNA，能进行自主复制，一般具有抗生素抗性标记。质粒复制的控制类型基本上有两种，即单拷贝型和多拷贝型。在一个细胞中，对于单拷贝型质粒来说，一个染色体复制一个质粒；对于多拷贝型质粒来说，一个染色体可复制 10～50 个质粒。此外，还有一种多拷贝型的变型，即不受控制的松弛型质粒，质粒的拷贝（复制）数在一个细胞中可以很多，它作为载体可将携带的外源基因复制成百上千份，使此基因编码的蛋白质的总量相应地大幅度提高。质粒作为载体的优点不言而喻，最常用的质粒是 pBR322 及其衍生物。

噬菌体是另一类常用载体，它的 DNA 通常呈线形，在离开寄主细胞之前，噬菌体必须穿上一件保护性"外衣"，形成蛋白质外壳，DNA 藏匿于壳中，因为壳的大小有限，所以它所携带的基因总长度受到限制。噬菌体作为载体，它的优点在于，其 DNA 比质粒大，外源基因能插入的位点多，所以研究者常用它来携带真核生物的各种 DNA 片段，构建基因库。为此目的，真核生物的 DNA 一般被切成 15 000～20 000 个碱基对长度的片段，研究者将它们连接到噬菌体 DNA 上，这样，真核生物的 DNA 产生的所有片段都有可能被包含在噬菌体颗粒中，当我们需要某一基因时，则可用与之相应的特异探针将其探测并分离出来。

DNA 的切割与连接

把所需的 DNA 片段从包含它的 DNA 大分子中切下，再插到载体的一定位置，是遗传工程的先决条件，也是最重要的部分。有关理论和技术自 20 世纪 70 年代发展起来，是 20 世纪生物学，甚至整个科学界最重要的突破之一。

没有特殊的"手术刀"就不可能把 DNA 片段取出，也不可能在载体或其他受体的 DNA 链上打开缺口，那么构建杂种 DNA 分子也就无从谈起。所幸的是，人们找到了这种"手术刀"，也就是在一些细菌中发现的 Ⅱ 型限制性内切酶（现在简称为 DNA 内切酶）。这是一类在核酸内部而不是在两端进行切割的酶，而且它对切口的位置（切点）有所限制，每一种内切酶都极其严格地在双链 DNA 的特殊位置进行切割，分毫不差，这一位置就叫作该酶的识别序列或切点。切点一般由 4～6 个碱基组成，各内切酶切点都有其特定的碱基组成和碱基顺序。所需的 DNA 和载体 DNA，如果用同一种内切酶进行切割，就会形成相同位置的切口，这样将两者连接起来就比较容易。还需说明的是，内切酶是对 DNA 的两条链进行切割，而两条链又有严格的互补关系，故造成的碴口有所不同。有些酶在识别序列上进行不对称切割，于是在两条链上造成错碴（称为黏端）；而另一些酶进行对称切割，则造成齐碴（称为平端）。错碴者比齐碴者易于连接。例如，我们以下面这个双链 DNA 分子为例，其中每一个字母代表一个碱基。

CTAGCATTGGAATGGATCCGTTAACGTTAAA

GATCGTAACCTTACCTAGGCAATTGCAATTT

如果用内切酶 *Bam*H Ⅰ 进行切割，由于 *Bam*H Ⅰ 的识别序列是 GGATCC，并造成黏端，结果如下所示（箭头表示切割点）：

↓

CTAGCATTGGAAT**G** **G**ATCCGTTAACGTTAAA

GATCGTAACCTTACCTA**G** **G**CAATTGCAATTT

↑

于是就形成如下两段双链 DNA。

第一段：

CTAGCATTGGAAT**G**……

GATCGTAACCTTACCTA**G**……

第二段：

……**G**ATCCGTTAACGTTAAA

　　……**G**CAATTGCAATTT

两条链中的黑体字母为酶的切点。由此可见，这种酶在两条链切割的结果造成了错碴。另一个双链 DNA 分子也用此酶进行切割，也会造成同样的碴口，而且这两个分子的碴口又有碱基互补，所以将两者连接起来就没有那么困难。

如果用造成平端的、识别序列为 GTTAAC 的内切酶 *Hpa*I 进行切割，会得到如下结果：

↓

CTAGCATTGGAATGGATCCGT**T** **A**ACGTTAAA

GATCGTAACCTTACCTAGGCA**A** **T**TGCAATTT

↑

于是形成下述两段序列。

第一段：

CTAGCATTGGAATGGATCCGT**T**······

GATCGTAACCTTACCTAGGCA**A**······

第二段：

······**A**ACGTTAAA

······**T**TGCAATTT

如果另一个双链 DNA 分子也用 *Hpa*I 进行切割，也会造成相同的平端。这两种分子连接起来就比黏端困难一些，但也能连接，因为没有错碴，所以可以随意在平端处加上所需的合成序列。

我们能否给 DNA 加上原先没有的内切酶识别序列呢？答案是可以的。这样做有很多好处，最大的好处是增加了被各种内切酶切割的机会。因此即使供受双方的 DNA 原本没有共同切点，也无须忧虑其能否构成杂种分子。解决的办法是，先用各自有切点的内切酶将 DNA 切开，如果造成的是齐碴就好办了；若是错碴，便需由只切单链核酸的外切酶"帮忙"，如外切酶 S1，将碴口削平，然后再连接人工合成的、含有多酶切点的"接头"，即人工合成的短核苷酸序列。

两种 DNA 分子被切开后，彼此如何连接在一起是另一个重要问题。正如建房时，砖块之间或砖层之间需用水泥黏合一样，两分子之间的连接也需要"黏合剂"，T4 噬菌体的 DNA 连接酶就是这种"黏合剂"。

DNA 连接酶既可以连接错碴的 DNA 分子，又可以连接齐碴的 DNA 分子，还可连接各种"接头"。根据研究需要，通过遗传工程的"手术"，我们便可将所需的基因组合在一起，使其从漫无目的的"无控状态"跃进到"可控状态"。我们可以把构建杂种 DNA 分子的过程概括为下述这一简单图示。

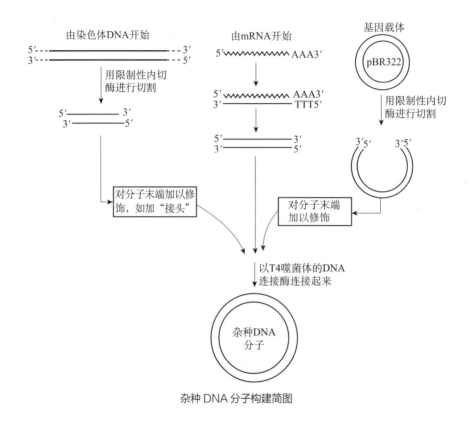

杂种 DNA 分子构建简图

转化——连接基因和载体，构成并转移重组 DNA

　　杂种 DNA 分子构建出来后，依据研究目的，须将其引入适当的受体细胞中。例如，我们希望小麦获得抗病毒的特性，就可以将含有抗病毒基因的 DNA 分子引入小麦细胞；如果我们想通过细菌发酵生产大量赖氨酸，就可以将含有编码赖氨酸基因的 DNA 分子引入相应的细菌 DNA 中。这种向受体细胞引入含有特定基因的 DNA 分子的过程，叫作转化。在转化实验中，最常用到的细菌就是大肠杆菌。

大肠杆菌是一种极为有用的细菌，无论基因的载体是质粒，还是噬菌体，都可以和它结合，组合到载体上的外源基因也可在大肠杆菌中产生相应的蛋白质，并且在生物体外构建的杂种 DNA 分子的数量有限，更需在大肠杆菌中予以增殖。仅就储存杂种 DNA 分子而言，大肠杆菌也是一个很好的"场所"。鉴于这些原因，加之研究者对其遗传背景研究得比较透彻，所以大肠杆菌被冠以"遗传工程菌"的美誉。

转化体——筛选具有重组 DNA 性状的受体生物个体

动植物的转化是改良品种的基础。

转化后，需要从众多的细胞中把真正接受外源基因的细胞（即转化体）筛选出来。在转化实验中，受体细胞是一个群体，但真正被转化的细胞仅是非常少的一部分，如何在庞大的群体中挑出转化体，是一个至关重要的问题。解决此问题的方法则是根据受体和供体所携带的标记，对接受转化处理的群体不断筛查和鉴定，犹如捕捉犯罪者一样，先将嫌疑人列出，再逐步鉴别，最后"验明正身"。

第一种方式，利用选择培养基。转化用的受体大多为细胞群体，它们在人工条件下生存和繁殖的营养物质称为培养基。研究者可根据转化用的 DNA 所携带的标记，选择不同的培养基。例如，我们把抗青霉素的 DNA 引入不抗青霉素的受体细胞群体，如引入大肠杆菌。在大肠杆菌这个群体中，一个细菌就是一个细胞，其中一些大肠杆菌接受了具有抗性标记的 DNA，就产生了对青霉素的抗药性，它们就是我们寻找的转化体。为筛选出这些转化体，研究者可采用含有青霉素的培养基，把转化处理后的细菌群体加入培养基中进行培养，真正的转化体由于具有抗药性而能够生长繁殖，其余的大肠杆菌则被抑制或杀死。因此，挑出能继续生长的大肠杆菌，便得到了转化体。

第二种方式，利用细胞群落或菌斑。一个细胞可以在固体培养基表面不断分裂而形成细胞团，一般称为细胞群落，对细菌来说则称为菌落。如果我们所用的外源 DNA 载体是噬菌体，噬菌体可以进入细菌细胞中不断繁殖，最后会导致细菌细胞破裂，结果在培养基上形成大小不同的斑点，这就是噬菌斑，简称菌斑。如果外源 DNA 不具有可供选择的标记，或者不能肯定转化体内是否有外源 DNA，此时就需借助细胞群落或菌斑杂交技术找出含有 DNA 的转化体，此法称为原位杂交。其要点是把培养基上长出的菌落或菌斑转移到特殊的滤纸上，用碱进行处理，使细胞破裂，同时使 DNA 分子由双链变为单链，而且固定其位置，再用同位素标记已处理为单链的一段外源 DNA（称为探针），浸泡固定菌落或带有菌斑的滤纸，存在转化体的 DNA 单链就可以和外源 DNA 单链（探针）杂交，形成双链。待滤纸干燥后，在其上覆以 X 射线胶片进行曝光，由于外源 DNA 有同位素标记，能使胶片感光，于是胶片上出现黑点。也就是说，若胶片上黑点的位置和培养基上菌落或菌斑位置一致的话，则菌落或菌斑即为可疑转化体。

最后，是在分子水平上的筛选与鉴定。前文所述的筛选，实际上也是一种分子水平的筛选，但本节中强调的是采用转化体 DNA 制品。在进行了前两项筛选后，我们已经得到了一些初步认定的转化体，这样就把可疑对象的范围由成千上万个缩小到便于操作的几百或几十个了，于是便有可能分离这些少数圈定对象的 DNA，进入下一轮鉴定性筛选。

常用的筛选方法是分子杂交，又名 DNA 印迹法，因英国科学家埃德温·迈勒·萨瑟恩（Edwin Mellor Southern）首创，因此又称为 Southern 印迹法。此法的原理和基本步骤大体与原位杂交相似，只是须先提取转化体的 DNA 样品，并将它点样① 于一种叫作琼脂糖② 的凝胶的原点，然后在电场中予以分离（这种方法叫作电泳③，意为分子在电场中泳动），再将在凝胶上的 DNA 样品转移至滤膜，与作为探针的外源基因（或一部分外源基因）进行杂交，并根据 X 射线胶片的感光黑线加以判断。如果可疑转化体 DNA 中包含了外源基因，那么它就能与作为探针的、由供体中抽提出的外源基因杂交。因为探针带有同位素标记，所以能使 X 射线胶片的对应部分感光而出现黑线。若如此，则说明这一可疑转化体是真正的转化体。这与原位杂交是不是没有太大区别，属于多此一举呢？其实不然，因为原位杂交有时会出现假阳性结果，真伪难辨，其作用只是在缩小范围。科学研究结果的证实就是不断排除不确定因素的过程，DNA 印迹法就是对原位杂交实验虚假现象的排除。当然，DNA 印迹法的结果还存在其他作用，如我们可根据杂交黑线的数目及深

---

① 点样是指在平面色谱中将样品加载到分离介质上的操作。

② 琼脂糖是从琼脂中提取的由不同类型吡喃半乳糖聚合而成的多糖。在生物化学和分子生物学研究中用于凝胶过滤、凝胶电泳和凝胶扩散实验。

③ 电泳是指在外加直流电的作用下，带电微粒在分散介质里向着与其电性相反的电极移动的现象。利用这一现象可以对不同化合物进行分离。

浅，推测外源基因在受体 DNA 中的数目（拷贝数）和插入位点的数目。

为了进一步确定外源基因在受体 DNA 中是否被完整地插入，还需进行下一步筛选和鉴定，即检查外源基因在插入受体 DNA 后是否仍保持原有内切酶的切点。在构建杂种 DNA 分子时，有一些因素可能造成内切酶切点的变化。例如，将黏端变为平端，原先造成黏端的内切酶切点就不复存在了，加入"接头"，就会引入"接头"具有的切点。而且，在外源基因引入受体时，也会由于受体系统的某些作用，使外源基因在插入受体 DNA 时失去原有切点，凡此都会引起内切酶切点的变化。现在，有一种转化技术叫作内切酶介导整合，即在转化受体时，先用某种内切酶对 DNA 进行切割，然后再用切割后的 DNA 和这种内切酶一起对受体细胞进行转化，以期对受体细胞内的 DNA 造成同样的切口，便于在此位点插入受体 DNA。

鉴定重组 DNA 所编码的蛋白质及有关表型

到现在为止，我们已经筛选出捕捉外源基因的真正转化体，但不能仅止步于此，还要检查外源基因在受体细胞中，亦即在陌生的新环境中能否表达其遗传特性。

如前所述，所谓基因表达，就是基因先转录成"传令官"——mRNA，再由 mRNA 翻译成相应的蛋白质。受体细胞由于外源基因的引入，在蛋白质合成方面可能会出现变化。例如，增加外源基因所编码的蛋白质，此蛋白质的存在可能会抑制或增强受体细胞原有的一种或数种蛋白质的合成，两种来源（供体和受体）的 DNA 的结合可能导致由双方共同编码的新蛋白质（即所谓的融合蛋白质）的合成，由于外源 DNA 的插入，DNA 可能会丧失合成原来的某些蛋白质的能力。如果出现上述一种或几种情况，则说明外源基因已经在受体细胞中得到表达。细胞合成蛋白质的种类，也如 DNA 一样，依靠电泳来确定，但此时的电泳介质不是琼脂糖而是聚丙烯酰胺[1]，蛋白质因分子的大小及所携带的电荷不同使迁移速度各异，借此可以将各种蛋白质分开。

检验转化体基因有无变异

外源基因在受体细胞中的表达被证实以后，是否可以认为大功告成了呢？

还不能这样认为。原因在于，杂种 DNA 分子在体外构建过程中，以及进入受体细胞后，即使其外源基因的核苷酸总数（即基因长度）不变，也不能保证每一个碱基都保持原样，不能保证各个碱基的排列顺序都与原来别无二致。纵然基因发生最微小的变化（如原来的 A 变为 G），它所编码蛋白质的大小与原来无异，但蛋白质的性质可能会大相径庭，更不用说碱基排列顺

---

[1] 聚丙烯酰胺是一种线型高分子聚合物。

序的变化了。而研究者对某些蛋白质的要求又是绝对严格的，因此在某些情况下必须测定在受体细胞中"定居"的外源基因的核苷酸序列，以确保此顺序与我们所需的完全一致。DNA 核苷酸序列测定技术，是遗传工程的必要手段之一，此技术虽创立时间不长，但发展迅速。

原DNA链
　　　…CCATGCATGGATC…

腺嘌呤脱氨基
　　　…CCATGCATGGATC…
　　　　　↓
　　　…CCHTGCATGGATC…

复制期间，H与C配对
　　　…CCHTGCATGGATC…
　　　…GGC ACGTACCTAG…

再次复制时，C与G配对
　　　…GGCACGTACCTAG…
　　　…CCGTGCATGGATC…

腺嘌呤（A）脱氨基后变为鸟嘌呤（G）的过程

对于核苷酸序列测定技术，在此，我们介绍一种简便的方法，也就是 DNA 链终止测序法或称为引物延伸法，其名称的含义从以下介绍中可以体会。

DNA 链终止测序法的要点是，以转化体的一条单链 DNA 作为模板，在测序酶（一种 DNA 聚合酶）的作用下，利用 DNA 合成原料（4 种脱氧核苷酸，即脱氧腺苷酸、脱氧胸腺苷酸、脱氧胞苷酸和脱氧鸟苷酸，分别简称为 dA、dT、dC 和 dG），合成一条与模板互补的新链。合成开始时需要一个人工合成的且与模板一部分互补的"引子"（引物），以便同模板的对应部分结合，启始新链的合成。如果在 DNA 合成原料中掺入双脱氧核苷酸（分别简称为 ddA、ddT、ddC 和 ddG），由于假原料同真原料极为相似，故可在合成中起到以假乱真的作用，使测序酶真假难辨，而把假原料组合到新合成的

DNA链，正所谓"假作真时真亦假"。而一但掺入假原料，由于化学空间结构的原因，新合成的链便戛然而止，不再延伸，也就是说，DNA链的合成被终止。由于反应体系是由DNA分子群体组成的，所以新合成的DNA链有的是在离起点较近处终止，有的却在较远的地方终止，从而形成大小不等、长度彼此连续的各种新链。这样，它们在电场中迁移（电泳）时，便会形成连续的电泳带。如前所述，DNA是由dA、dT、dC、dG这4种脱氧核苷酸组成的，于是我们便可相应于4种"原料"设置4种反应，在各个反应中分别加入ddA、ddT、ddC、ddG，相应的反应就会分别在新链中原本应掺入dA、dT、dC、dG的部位被终止。根据这4种反应电泳带的位置，便能读出DNA核苷酸的序列。一般用图表达时，A、G、C、T分别代表测定DNA中dA、dG、dC、dT核苷酸的反应位置，从下向上，核苷酸链的长度逐渐增加，由此测出核苷酸的序列。

以上便是核苷酸测序原理，现在测序技术大为发展，测序的费用和时间也大为节省了。

核苷酸组成生命的遗传密码

赘述至此，我们基本可以说明外源基因在受体细胞中的结构和表达功能。从另一个角度看，就是受体细胞已获得符合设计要求的新特性。但生物的复杂性使我们不得不想得更深入些，如在构建杂种 DNA 时，供受体双方是人工合成在一起的，会不会"强扭的瓜不甜"，经过若干代繁衍后彼此又会"分道扬镳"呢？而且，外源基因在受体细胞中毕竟是"外来者"，它的存在符合人们的愿望，但未必对受体生物本身有利，那么外源基因所编码的蛋白质会不会在合成过程中或在合成后，被受体细胞做一些符合自身"利益"的修正呢？

胰岛素和生长激素基因引入大肠杆菌一事，作为科技界特大新闻曾经轰动世界，人们以为这些依靠来源于有限的动物体内提取的药物从此可以靠大肠杆菌发酵而大量生产了。但事与愿违，大肠杆菌合成的这些蛋白质与人体天然合成蛋白质有异，这种差异主要是由于大肠杆菌不能对合成的胰岛素等作适合于人体所需要的"后修饰"所致，犹如穿着皮鞋进行百米赛跑一样，结果难以取胜，尽管大肠杆菌合成蛋白质的氨基酸序列未变，但仍不能用作人体药物。目前，对糖尿病的治疗仍然主要依靠给人体注射由猪体内提取的胰岛素制成的药物。但猪胰岛素也并非最理想的原料，它与人体胰岛素仍有一个氨基酸的差异。我们可以想象，如果能利用遗传工程技术，对猪等动物的胰岛素基因进行适合于人的修改，然后再转移到动物的生殖细胞，取代原有基因，这样既有了合适的基因，又有适宜基因表达的环境，由此提取出来的胰岛素，也许会更适合人的需要。

据说，近年来，美国遗传学家乔治·丘奇及一些德国学者分别将猪的心脏移植到猴子和狒狒体内。在移植前，他们对供体猪的有关基因进行编辑，以防被受体排斥，实验发现有的受体存活了较长时间。

致病细菌的抗药性使人们不停地去寻找新的抗生素，于是抗生素的种类愈来愈多，因为滥用抗生素使人类受到的危害可能愈来愈重。如果给细菌引入一段 DNA 片段，破坏其抗药基因，是否可以一劳永逸地解决这一问题呢？

乔治·丘奇

据说，美国耶鲁大学的西德尼·奥尔特曼实验室在 1997 年已经解决了这一问题 [见《美国科学院院报》（ 34 卷），8468～8472 页]，但这项实验是用大肠杆菌尝试的，虽然原核生物基因组的组成有一些相似性，但某一基因的表现受到多种因素控制，植入此基因的细菌 DNA 能否优势生长，能否传播到其他非植入菌，以及如何应用于人体，这些问题都尚需时间解答。可见科学研究并不都像人们预期的那样顺利，遗传工程的发展大约只有 50 年的历史，不可能顷刻间就解释人类千年来的困惑。但 50 年来，遗传工程在分子遗传学的促进下获得迅猛发展，显示其在工业、农业、医学等诸多领域解决棘手问题的巨大潜力。

有遗传学者预言，在今后数十年间，遗传工程在创造具有抗盐性、抗病性和更具优良品质等特性的农作物方面，在人类疾病的基因治疗和新药研制方面，在食品、纺织等工业和环境保护方面，都将做出更加卓越的贡献。所以，许多国家都将以遗传工程为枢纽的生物工程作为 21 世纪初优先发展的高科技领域。

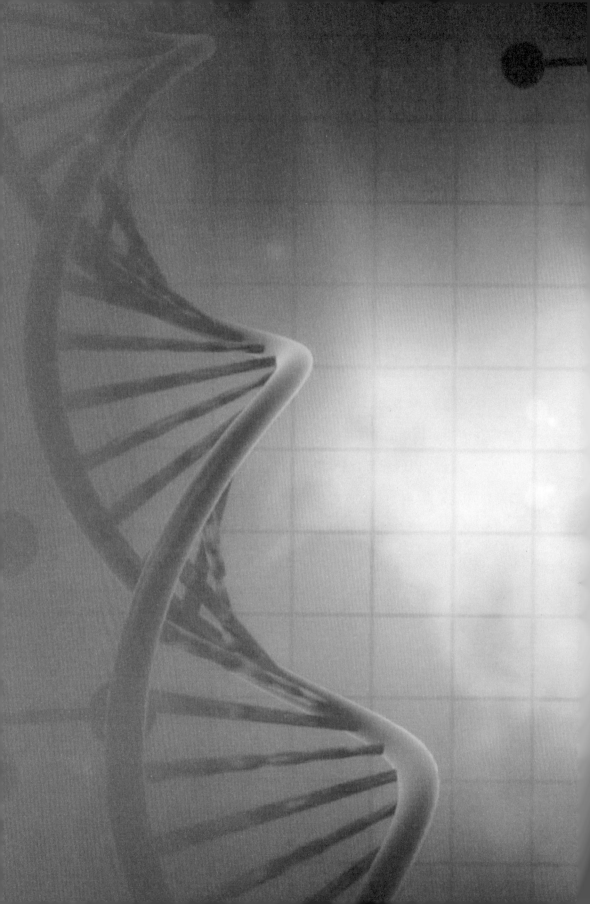

05

生命合成

　　地球生命的诞生大约始于 35 亿年前，自然生命的繁衍完全依靠本身的遗传，生命不息，遗传不止，代代相继。但是，自遗传学和遗传工程问世以来，人们就在问自己，能不能利用生命科学，人为地干预生物世界，以便更好地为人类服务？于是，改变 DNA、合成基因、重塑生命的意识开始萌发，人们用"上帝的魔剪"来"修理"某些基因，甚至有些科学家开始尝试打开"人造生命"的大门。

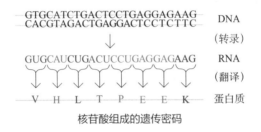

核苷酸组成的遗传密码

　　继 DNA 双螺旋结构被发现和实施"人类基因组计划"之后，有学者认为以基因组设计合成为标志的合成生物学引发了第三次生物技术革命。如果说基因测序是登上了"阅读"现存基因核苷酸排列顺序的初阶，现在就是进入了对核苷酸重新组织、排列、人工构建新基因的"实战"。

　　本章所述的"生命合成"，是指染色体或 DNA 链的人工合成。染色体的合成不同于化学层面的全合成或半合成（这类合成是以元素或小分子化合物为原料），也不同于 20 世纪时研发的多肽合成，甚至也不同于人工合成的结晶牛胰岛素。

　　要理解这种不同，我们不妨先来了解一下胰岛素的合成。人胰岛素由 α 链的 21 个氨基酸和 β 链的 30 个氨基酸组成，共 51 个氨基酸，其对应的核苷酸数目也只有区区 153 个（1 个氨基酸由 3 个核苷酸编码）。就基因而论，

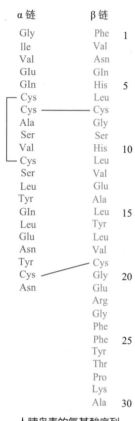

α链	β链	
Gly	Phe	1
lle	Val	
Val	Asn	
GIu	Gln	
Gln	His	5
Cys	Leu	
Cys ——	— Cys	
Ala	Gly	
Ser	Ser	
Val	His	10
Cys	Leu	
Ser	Val	
Leu	Glu	
Tyr	Ala	
Gln	Leu	15
Leu	Tyr	
Glu	Leu	
Asn	Val	
Tyr	Cys	
Cys	Gly	20
Asn	Glu	
	Arg	
	Gly	
	Phe	
	Phe	25
	Tyr	
	Thr	
	Pro	
	Lys	
	Ala	30

人胰岛素的氨基酸序列

这不过是一个很小的基因，与染色体合成相比，不值一提。就染色体合成而言，首先它需要完成我们在上章中述及的有关环节，其次还需要有合适的供体，提供有效外源片段，此外最重要的是要有非常合适的受体和精选的操作工具，所有这些都必须符合切开核苷酸的顺序、切口数目和精准性等要求。新生成的染色体是否为人工合成的，是否有生命特征，还需有相应的"验收标准"，目前至少要符合3个标准，即核苷酸序列和标记无误，能够复制（最好有编码的蛋白质），除此之外，还必须符合人类伦理规范，不会造成社会危害。

所有这些标准基本也适用于基因组编辑。

合成生命可不是一件简单的事情，科学家仍需遵循由简到繁、由易到难的原则，不可能"一步登天"。让我们先从最简单的基因组合成说起，即从原核基因组合成开始，再逐渐引入真核基因组合成。

支原体基因的人工合成

支原体是一类非常小的原核生物，大小约为0.1～0.3微米①，没有细胞壁，只有细胞膜，细胞形状多变，多呈树枝状，故称支原体。

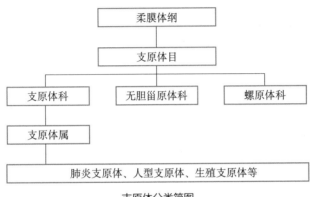

支原体分类简图

美国生物学家克雷格·文特尔作为21世纪基因组学的领军人物、曾经的海军战士，对基因组研究、人类基因组序列测定和分析，特别是在2007年对人类二倍体基因组全序列测定，都做出过重大贡献。他所领导的团队测定了300多种生物的基因组碱基序列，包括人、果蝇、小鼠、大鼠、狗，以及多种微生物和植物。同时，他是合成基因组学领域的关键人物，构建了第一个人工合成基因组，开拓和扩展了工程微生物学在关键应用领域的研究，如能源开发和环境保护等。文特尔是一位成就卓著的生物学家，同时也是一位企业家。2005年，他成立了合成技术公司，期望研究出能生产可替代燃料的生命能源形式。在2007年和2008年，文特尔均入选《时代》杂志评选的

---

① 微米是长度单位，1微米 =10^{-6}米。

"全球最具影响力 100 人"名录。

克雷格·文特尔

汉密尔顿·史密斯

2010 年，克雷格·文特尔宣布开发出第一个由一个合成的基因组所控制的细胞，此项研究及其评论先后刊登在科学界两大权威期刊上——美国的《科学》和英国的《自然》。在这项研究中，文特尔等人通过化学方法合成了蕈状支原体的基因组，然后将其植入与它近缘的山羊支原体细胞，获得了全新的蕈状支原体，植入的基因组能调控这一细胞，新移植的基因组取代原基因组发挥作用，把原细胞转变成蕈状支原体。这就是说，新基因进入一个陌生环境，也就是一个不同于基因原先环境的细胞中，新基因在这一陌生细胞中竟然能复制自己，繁衍后代，俨然它就是这一新环境的"主宰"。

文特尔组建的研究组有许多位顶尖科学家，包括诺贝尔生理学或医学奖获得者汉密尔顿·史密斯，他们利用实验室化学试剂成功地合成了一个基因组，它的 DNA 序列来自蕈状支原体，研究者将它"修剪"成支持生命所必需的元件，去除 1/5 的遗传信息，再将这些片段连接在一起，构建成一个基因组，这是一个完全重建的基因组，科学家将其标记成蓝色。然后，他们将此基因组移植到另一种被叫作山羊支原体的细胞中，期望它不受细胞控制而最终成为一个新生命。成为新生命的关键是能够利用宿主细胞的分子机制进行自我复制、自行新陈代谢。

文特尔团队选用的原材料是极为简单的原核生物中的支原体，之所以选择支原体，是因为它结构非常简单，基因组本身也异常小。它的基因组长度比一般细菌小得多，约为大肠杆菌的 1/6。研究者选用的供体为蕈状支原体，其对应的 DNA 核苷酸序列已经十分明确，凡此均为研究合成基因提供了有利条件和基础，受体系统是另一种支原体，即山羊支原体。

研究者把受体基因组清除干净，虚位以待，准备迎接新的"嘉宾"。文特尔等根据当时已有的蕈状支原体基因组核苷酸组成和序列等信息，设计、合成并组装了一个名为蕈状支原体 JCVI-syn1.0 基因组，作为供体，以备进入受体使用。

➤ 支原体人工合成步骤

①选取一种名为蕈状支原体的生物作为供体，将它的基因组解码，然后利用化学方法一点一点地重新排列 DNA。

②将重组的 DNA 片段放入酵母液中，令其慢慢地重新聚合，生成人造 DNA，即合成基因组。

③将人造 DNA 导入受体细胞，即山羊支原体中，通过生长和分离，受体细胞会产生两个细胞，一个带有人造基因组（合成 DNA），另一个带有天

然基因组（受体自身的 DNA）。

④在培养基中加入抗生素，将带有抗生素敏感的天然 DNA 的细胞杀死，只留下人造细胞不断增生。

⑤几小时之内，受体细菌内原有 DNA 的所有痕迹全部消失，人造细胞不断繁殖，证明新的生命诞生了。

➤ 人造生命“辛西娅”的诞生

文特尔的研究团队早在 2003 年就用人工合成的方法，成功组装出包含 5 386 个碱基的 ΦX174 噬菌体基因组，实现了病毒人工基因组的化学合成。但是，噬菌体毕竟不是一个独立的生命，它必须寄生在细菌之中，所以这一实验并不能被认为是人造生命的合成。

经过多年奋斗，时间推移到 2010 年，他们终于构建出一个仅由合成基因组控制的新蕈状支原体细胞——“辛西娅（Synthia）”，其名具有“合成儿”之意。这个新细胞的表型符合预期，而且能持续进行自我复制。

文特尔等人进行的基因组合成研究简单说来就是，首先从原细胞中除掉需要替换的天然基因；同时将另一个天然基因切成许多片段，按照设计的方案，舍弃一些不需要的片段，掺入一些标记好的必需片段，再将这些片段重新组合在一起，构建成一个新基因组。然后，将新基因组导入到去掉天然基因组的细胞中，再进行生物功能测试和标记检查。

“辛西娅”是原核生物中最为简单的支原体，遗传信息相对于真核细胞来说十分简单。“辛西娅”是一个能自我生长、繁殖的人造原核细胞，一个包含着 850 个基因的重塑 DNA 大分子，而且合成的基因组带上了像“水印”

一样的标记，只要检测到标记，就能区别是受体自身的片段还是合成片段，所以"辛西娅"是合成生命这一点证据确凿，不容怀疑。

这一原核细胞具有生命活性，被认为是世界上首例人造生命的诞生，其遗传信息全部由人工合成，打破了生命遗传规律，证明了人工合成生命的可能性，成为合成生物学发展史上的一个"里程碑"。这一成果不啻为一声惊雷，激起生物学界的轩然大波。

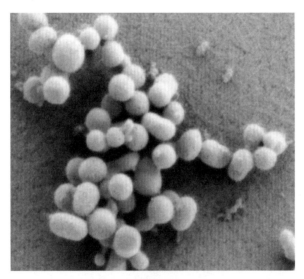

"辛西娅"显微图

➢ 对"辛西娅"的争论

从简单意义上看，克雷格·文特尔等人构建的不就是一个生命体吗，值得人们大惊小怪吗？实际上，这结果看似简单，过程却十分复杂。

许多媒体刊发这一消息，称美国生物学家文特尔和他的同事创造了世界上首例人工合成的生命结构。同时，《自然》和《科学》等著名的科学期刊都发表了对"合成细胞"所带来的科学及社会影响方面的专业评论。一个合成基因组的成功移植，就这样使合成生物学面临的伦理和安全问题凸显出来，一时间成为科学界的舆论焦点。

这项成果意味着在实验室中会诞生一个能够自我复制的"怪物"吗？还是人类在冒充"上帝"来制造生命？

科学界对于人造生命褒贬不一，称赞者有之，质疑者亦有之。有人说，人类无论如何都不可以冒充"造物主"，更没有资格像"上帝"或诸神一样创造生命；更多的人则担心这类研究成果会被用来合成大量生物化学武器，造成对人类的新的恐怖威胁。

文特尔对这些质疑的回应则是："每当医学或科学领域发生与生物学有关的突破，都有这样的争议出现。实际上，在很早以前，人类就尝试'驯服'自然，这是我们饲养动物的起源。"

文特尔在实验室

有些研究者认为，文特尔的实验对社会提出严重挑战，一定会引起轩然大波，既然能合成支原体，就有可能在实验室中合成其他生命，它既可能合成治疗疑难杂症的新药，也可能合成比现有生物化学武器更具威胁性的武器，它可能是"救世主"，也可能是"魔鬼"。

或许有人认为，核能和转基因生物都曾出现过争议，如切尔诺贝利核电站爆炸事故和福岛核电站泄漏事故等，这些案例使人不得不警醒，但从另一方面来看，核能却是目前难得的清洁、高效的能源。

对于新事物，我们不能完全依靠直觉或想象来判断，既要看到事物的正面，也要看到其反面。生命科学能为人类造福，也可能造孽，在各种科技手段迅猛进步的当下，合成生物学会变得更普及，人们应该对此提高警惕，因为合成生物也可以具有自发进行自我繁殖的能力。

面对生命科学突飞猛进的发展，人造生命看起来令人惊奇。实际上，对这一实验的描述，比"创造"一词更贴切的字眼是"干预"。

由于人类基因组计划的完成，读写生命 DNA 序列的速度大为提高，分析成本迅速下降。以往需要几年并花费巨资的工作，现在可能只需几天和较少资金。当今，在基因数据库中存有包括小到细微的细菌，大到参天大树等很多种生物的染色体组的信息。在不远的未来，也许普通人就能定制 DNA，但不可轻视的是，这一技术存在伦理风险，应避免被一些邪恶之人滥用。

不少人质疑科学家究竟能否掌控这门科学，有谁能保证它会被理性地应用，在实验室中不会演变出可怕的"怪物"？创造"邪恶生物"所带来的问题与枪炮不同，前者一旦"出笼"便能快速自我繁衍。截至目前，在我们的设想中，还没有找到能够避免现有病原体大规模暴发的办法，也没有找到避免其他动物交叉感染、防止快速跨物种传播的办法，现在也很难了解如何避免这种威胁。我们在讨论伦理道德问题的同时，也需要清醒地认识到其潜在的科学风险，为充分发挥合成生物学的应用潜力，避免产生可能的不利影响，科学家和相关管理机构必须共同努力，以确保合成生物学的研究及应用循着正确的路径发展。

目前，遗传工程已经应用于医学领域，合成生物学也应用于环境领域，如利用微生物生产能源，在环境保护方面具有巨大潜力。合成生物学的风险虽然存在，但不妨碍对它的合理应用，科学界和政府管理部门有责任与义务在科学发展及严格管理方面取得平衡，既要保证科学蓬勃发展，又要兼顾社会效益和控制潜在风险，保障科研环境的安全、健康发展。

合成生物学界的研究者大多赞同大力发展这一学科，阻止"邪恶"的最好办法是让自己拥有更多智慧。若病原体能通过电脑设计出来，那防治的疫苗是否也能如法炮制？对实验严格监管也非常重要，特别是需要人们随时保持警惕，密切关注新病毒、新疾病的出现，即使一些疾病看起来发生得很自然，也不能掉以轻心，对生物制品的监控力度还要增强。

"辛西娅"的诞生表明，合成生物学研究既可产生巨大的社会效益，也可能存在技术失控的风险。对于这把"双刃剑"，我们必须早做准备，在生物安全、伦理、知识产权等方面，从一开始就应建立起必要的法规和制度，确保具有重要科学意义及应用价值的合成生物学研究沿着正确的道路发展。

与此同时，社会上也出现了一些不同的声音，对此应予以特别关注。这些问题包括：合成生命研究有哪些潜在危险，应如何避免？生命合成等技术带来的伦理、医学和安全问题的预测及应对措施有哪些？对这类问题和任何潜在危险，我们都必须予以特别评估和关注。

在着手开展这项研究之前，文特尔就曾考虑过伦理方面的问题，但他认为"这是一种好科学"，值得为此付出心血。在合成基因组之前，他们就注意到这项工作的社会问题，1995 年，在进行最小基因组构建研究时，就由独立评审团对实验进行了评审。专家一致认为，这项研究没有严重的伦理问题，没有强行停止的理由。文特尔曾自信地说："对于进行这类工作，我们并不担心，因为这些工作可以启发思想，让我们产生一些惊人的想法，将创造一种令人放心的富有价值的生命体系。在进行这类研究时，不可能令每个人都感到满意。"的确，文特尔及其团队成员并未就此止步，他们继续探索。当然，伦理等社会问题还将继续进行讨论，我们也会进一步关注这一突破所引发的争论。

文特尔等人与比尔·盖茨的合影

从科学意义上看，这一成就证明，基因组是可以用计算机设计的，能够在实验室中进行化学合成，并且可以移植到受体细胞中，使受体细胞变成受合成基因组控制的、能进行自我复制的新细胞。文特尔强调了生物学与信息学相互结合的重要性。他说："这是世界上第一个人工合成的细胞体，它的'父母'是一台电脑，这也是首个可以在电脑上找到遗传密码的生物体。"

"我们研究组中的汉密尔顿·史密斯、克莱德·哈奇森和其他成员为完成这一成果工作了近15年，终于成功地构建出完全受合成基因组控制的细胞。我们不仅为这项研究着迷，同样也密切注视着这一工作的社会意义，相信这是一项强大的技术，将造福于社会。我们将继续对这一研究的重要应用方面进行审视和对话，以保证它能充分发挥积极作用。"史密斯说："我们借助世界上第一个合成的细胞、新工具和技术完成了此项研究，现在我们有了这些方法就可以剖析这一细胞的遗传指令，研究它们是如何工作的。"

毫不夸张地说，由文特尔领导的研究团队创造的人造基因组控制的支原体细胞问世，是合成生物学的标志性成果。研究者相信，为构建第一个能自我复制细胞投入的成本，定会借此获得的知识而得到补偿，这些知识将对我们开拓重要的应用领域和产品，诸如生物燃料、药物研发、获取清洁食品等方面有重要意义。研究者承诺会持续关注伦理及科学问题，关注这一研究对人类社会的积极影响。

文特尔等人将人工合成的自然型蕈状支原体的基因组移植到山羊支原体细胞中，使山羊支原体转化为蕈状支原体。这一结果使人们产生了一种概念，即

DNA 是生命的"软件"，决定着细胞的表型。2008 年，他们首度完成了由 4 种核苷酸片段人工合成的基因组。DNA 片段聚合成完整的基因组是在酵母中利用酵母遗传系统完成的，但遗憾的是，他们将此基因组由酵母细胞转移至细菌受体后未回收到活移植体。然而他们并不气馁，继续研究，终于在 2011 年获得成功，这种顽强的科学精神令人景仰。

➤ 合成生物学"冲击波"

文特尔与他的团队将合成基因组成功引入细菌细胞之后，又用基因组合成技术合成了实验鼠的线粒体基因组。线粒体虽然只是细胞器，但这一成就却是基因组合成由原核生物迈向真核生物的重要一步，也是迈向应用研究的重要一步，因为线粒体与许多疾病有关。这一成果也是人类在合成生物学领域的又一次突破，由此可以窥见合成生物学研究的重要意义。

最初，合成生物学技术可以当作遗传工程或生物工程的同义词，后来逐渐变成一种重新设计生命的技术。这种技术主要是用有机合成方法合成诸如与酶、核酸等自然分子相似的模拟化合物。有两类合成生物学技术，第一类是用非自然分子模拟自然分子，制造人工生物；第二类是将自然分子聚合成一个新系统，行使非自然功能。这两者的目标是一致的，即研究单靠分析和观察难以解决的问题，这些问题的解决只能依赖新模型。目前在医学领域，合成生物学已经提供了诸如艾滋病、肝炎等疾病的诊断工具，由重要生物分子制造出一些材料和设备，以用于诊疗。

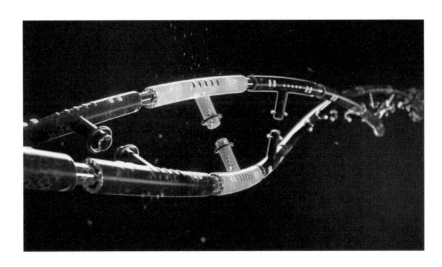

合成生物学旨在创造自然界中不存在的，却对人类大有裨益的生物体系。例如，合成 XNA（xeno nucleic acid）新分子，这种分子具备脱氧核糖核酸（DNA）和核糖核酸（RNA）的所有特点，甚至还拥有一些两者不具备的特性。利用 XNA，科学家可以在实验室中创造全新的生命形式，不需要依靠 DNA 也可以存活和进化。

XNA 意为"异种核酸"，在结构上与 DNA 互补。因此，这种分子在医药和生物学研究中非常有用。XNA 甚至可以注射到人体内，用以检测某些微弱的、现有技术难以检测到的疾病早期信号。此外，由于 XNA 的化学结构与天然核酸有诸多不同，以致天然生物系统不能识别它所携带的信息，它似乎成了一堵遗传"防火墙"或"屏障"，防止与自然界交换遗传信息，这就意味着它有可能成为生物安全工具。从这个角度看，研究者设计类似于 XNA 或 XNA 结合蛋白的另类生物系统是具有可行性的。不妨将另类生物系统的安全特性看作遗传"飞地"，由此发展壮大而成为一个由 XNA 演化而来的生命形式。有人认为，外星生命可能具有这种新生命形式，所以这一合成生物学分支又称为空间生物学或外星生物学。是否如此，还有待有志者去探索。基于此，前文提到的 6 碱基核苷酸和 8 碱基核苷酸似乎也不是人们天方夜谭般的遐想了。

合成生物学通过人工设计并构建自然界中不存在的生物体（系统）或其部件，服务于人类。从生命科学发展的角度看，近年来合成生物学的快速发展与人类基因组计划的完成，以及基因组学、转录组学、蛋白质组学、代谢组学、生物信息学，直至系统生物学的发展息息相关，是这些学科研究成果走向具体应用的必由之路。合成生物学将在能源、材料、医药等领域得到广泛应用，可产生巨大的社会效益及经济效益，对于人类认识生命、揭示生命的奥秘、重新设计及改造生命等方面也具有重大的科学意义。

近年来，合成生物学的研究受到很多国家的高度重视，还是以文特尔为例，看看其在美国飞速发展的情况。文特尔团队和其他科学家一直在研究合成人工细胞，他们被这一心愿鼓舞着，创建出一个又一个合成基因组。2003年，文特尔等人合成了 ΦX174 噬菌体的基因组。此前一年，美国纽约州立大学石溪分校的一个研究小组复制了具有感染活性的脊髓灰质炎病毒，它只含有约 7 500 个碱基对，远小于蕈状支原体基因组。接下来，文特尔便合成了蕈状支原体基因组，这是第一个由人类合成的基因组；之后，他们又合成了实验小鼠的线粒体基因组，基因组的长度为 1.65 万个碱基对，这已经是对真核生物基因组的合成了，其合成技术也在"辛西娅"的基础上有了显著的进步。

我们知道，在"辛西娅"基因组合成中，所利用的基本合成单元是含有 1 080 个核苷酸的 DNA 片段，通过三步过程合成全长为 108 万个核苷酸的基因组。由于基本合成单元较大，无法确定其基因组的序列是否精确，因此，研究者最后获得的基因组很可能存在错误，而要确保合成出的基因组没有错误，唯一方法是给所有的基因片段排序，但这将花费很长时间。而在线粒体基因组合成研究中，文特尔团队使用的基本合成单元是只含 60 个核苷酸的 DNA 片段，这就使实验研究方便多了。实际上，在后续章节中介绍的酵母基因组合成，就借鉴了先行者的一些想法和技术。

合成细胞的工作逐渐组成一个功能强大的分子生物学"工具包"，利用它将大大增强人们对生命机制的理解能力，诸如基因功能、细胞内生命活动的机制等。

➢ "人造生命"的长征之路

从严格意义上看，"辛西娅"还不能称为真正的人造生命，甚至也不是真正的人造细胞。支原体是一种能够自我复制的原核生物之一，而高等植物和包括人类在内的哺乳动物，其细胞的基因组远大于蕈状支原体细胞的基因组，细胞结构与功能也极为复杂，要获得高等生物的合成生命体还有很长的路要走。尽管如此，"辛西娅"还是再一次唤起人们研制人造生命的巨大热情。

人类对人造生命的追求从未停止，但直到 20 世纪后期才开始真正进行科学实践。可以预料，合成生物学在医学、工业和环保等方面的应用，将会为人们针对目前一些棘手问题，如遗传病、代谢病、转基因生物的抗药性、环境污染等，提供解决的线索和途径。早在 20 世纪 90 年代，科学家就在为此目标而努力。被誉为"世界人工细胞之父"的加拿大麦吉尔大学医学教授张明瑞首先制造出人工红细胞，可用于治疗严重贫血。2002 年 9 月，美国科学家埃卡德·温默领导的研究小组合成了脊髓灰质炎病毒的全基因组序列，该病毒基因组不仅可以指导合成与天然病毒蛋白同样的蛋白，而且同样具有侵染宿主细胞的活力。2005 年，纽约洛克菲勒大学阿尔伯特·利布查伯及其同事利用一种大肠杆菌提取物（其中含有细菌的分子生物合成成分，如 RNA 和某些酶），从这种液体中分离出直径为几微米的小滴，并给它们包上人工细胞膜，使其成为具有一定基因转录与翻译能力的人造细胞。

2008 年 2 月，美国耶鲁大学研究人员制造出一种由生物降解复合材料制成的人造抗原呈递细胞，可以使人体的 T 细胞数量增加 45 倍，极大地提高了身体对抗癌症或某些传染病（如 SARS 等）的能力，这是世界上第一种能针对特定疾病或感染原的人造抗原呈递细胞。

尽管取得的成绩巨大，但是前途依然满是荆棘，生物毕竟是一个长期进化而来的复杂整体，特别是像人类这样的智慧生物，单靠改变或引进一些核苷酸片段便想合成成功，只是奢望。现在的研究成果可以权且看作"长征"的起点，未来任重道远，研究者还需继续"征战"。

酵母染色体基因组的人工合成

➢ Sc2.0 计划

酵母是我们日常生活中的重要"伙伴"，爱喝啤酒的人知道，在大麦酿成啤酒的过程中，酵母是位列第一的"功臣"，即使不喝啤酒，人们也会食用面食，而把面粉发酵制成馒头或面包，更离不开酵母的"功劳"。

由于这种密切的关系，酵母就自然而然地进入科学家的视野，成为研究对象。当然，酵母本身的特点也有利于吸引科学研究者的关注。首先，它体积虽小，却是真核生物，所谓"麻雀虽小，五脏俱全"，由酵母可见一斑，这就为我们研究真核生物的遗传提供了难能可贵的模式物种。其次，更为难得的是，酵母是单细胞生物，不像动植物那样是多细胞生物，细胞分化问题比较简单，所以实验操作起来也比较简单；而且其染色体数目也不多，只有16条，避繁就简，使得合成起来简便不少。因此，酵母成为研究人工染色体的不二之选，人工合成酿酒酵母基因组成为目前最热门的研究领域之一。再次，科学家一直醉心于人类基因组合成和修饰的研究，而酵母有 1/3 的基因和人类基因有同源性，很多科学家认为合成酵母基因组是很好的切入点，为此还专门成立了一个国际合作项目，名为"Sc2.0 计划"，这一计划中的"Sc"是酿酒酵母属名的缩写。

这是一项具有标志性意义的国际合成基因组学研究项目，该项目由美国国家科学院院士杰夫·伯克发起，由美国、中国、英国、法国、澳大利亚、新加坡等国的研究机构参与并分工协作，目的是群策群力，设计并合成酵母基因组。

杰夫·伯克

➤ 酵母人工染色体合成系统（YACs）

在了解酵母染色体合成之前，我们有必要先介绍一些与合成有关的基本概念。

首先是合成的含义和工具。

前文指出，本书所说的合成指的是染色体或基因组的人工合成，不是指化学层面的全合成，也不是像逐步加入氨基酸那样的多肽合成。酵母基因组合成并不是如此，实际上，目前基因组或染色体合成是一种至少有一半"野生"成分的半合成，也就是说，除了具有 DNA 片段切割和连接功能的各种酶（如限制性内切酶与连接酶）等必要的合成工具外，还需有供受体基因或 DNA 片段，然后依照设计将它们重新组合在一起，形成与供受体不同的人工合成 DNA 或基因组。

酵母人工合成系统是对酵母天然 DNA 进行遗传修饰的 DNA 系统，基本组分就是自主复制序列（ARS）、中心粒和端粒等，把这些有关的序列连接到细菌质粒上便构成合成载体体系。在此 DNA 上插入的基因片段长度约为 100～1 000kb①，然后再利用染色体步移②技术将其克隆和做基因定位图，基因组合成和鉴定程序就完成了。最初，染色体步移技术用于人类基因组计划研究，但在 YACs 研究中，出于稳定性的需要，就不能用与细菌人工染色体（BAC）合成完全相同的程序。

科学家发现，染色体固有的脆性可以用自主复制序列（ARS）予以稳定。而且，同 BAC 系统一样，酵母人工染色体（YAC）还需带有选择标记基因，

---

① kb 是 DNA 的一个常用长度单位，指某段 DNA 分子中含有 1 000 个碱基对，英文全称为 kilobase pair，即千碱基（对）。
② 染色体步移（chromosome walking）是用以鉴定已经克隆的特定 DNA 片段侧翼序列的方法。

如抗生素抗性基因和其他可见标记（如荧光或放射性等），便于合成产物的选择，这样一来，就能在细胞外复制过程中同无载体的群落区分，保持合成体的稳定性。

酵母的表达载体，包括 YAC、YIp（酵母整合型质粒）和 YEp（酵母附加体质粒），比细菌人工染色体载体系统具有的优势就是，能表达真核生物蛋白质。真核生物蛋白质的表达需要通过翻译后修饰，BAC 很难具备这种关键功能。但是 YAC 由于能插入 DNA 大片段，然后可作为线性人工染色体而得到复制，所以就可用于克隆及聚合成完整的基因组这类高难度工作，合成相应的蛋白质产物。

通过把 YAC 介导的重组 DNA 转入酵母细胞，使所需的基因组或目标片段得以复制、克隆。此外，由于导入的基因组或目标片段的碱基序列是已知的，所以有利于基因组作图，便于进行染色体步移测序。所谓基因组作图，就是确定各个基因在染色体上的位置；所谓染色体步移，就是从其已知核苷酸位置向两侧推移，借此进行测序。如果插入的基因片段足够多，作图或步移就相当方便。

➢ 基因组合成过程：DNA 片段切割和重组位点系统

把环状质粒 DNA 用限制性内切酶切开，造成切口，将标记序列插入切口处，便于以后选择含标记的序列克隆。在多数情况下，标记都选用对抗生素有抗性的片段，这样在培养过程中，含相应抗生素的培养基就有利于扩增目标的克隆。如前所述，另一类标记就是可见或可测的记号，培养后通过颜色或放射性标记把目标克隆选择出来。

说到这里，我们可能会想到，基因组在什么位置被切开，又在什么位置被插入到组合中去？考虑的因素有哪些？这些问题确实切中要害，绝对不能乱来，研究者不仅要找对位点，还要保证生命的重要因素，如复制、表达的蛋白质的品质和数量都需合适。操作难度的确很大，但科学研究必须做到，否则基因组或染色体合成就会失败。在介绍位点问题之前，我们先介绍几个术语，也许在这些术语中就能嗅出位点的"蛛丝马迹"。

lox：合成 DNA 片段重组、切割位点。

Cre：一种具有重组和切割功能的酶，即环化重组酶。

loxPsym：酵母合成基因组标记序列，即重组酶进行连接的识别位点。

SCRaMBLE：lox 介导的合成染色体重组修饰系统及其突变株系。

➤ 初战告捷——完整的染色体 III 合成脱颖而出

酿酒酵母染色体有 16 条，长约 12Mb[①]。2014 年，杰夫·伯克构建出其中最小的一条染色体，即染色体 III，作为原染色体的"替身"，再把这条人工染色体整合到酵母细胞。这个构建体长度为 273 871 个碱基对，而与此对应的"真身"天然染色体 III 的长度为 316 667 个碱基对。

早在 2011 年，伯克等人便将含部分人工合成的 DNA 序列（插入 43 个 loxPsym 位点）的酵母菌株用重组酶激活后获得突变株，这种突变株繁殖快，而且重组仅发生在插入序列位点。他们将这一突变系命名为 SCRaMBLE，这是最早诞生的人工合成的酵母染色体系统。在合成染色体过程中，每一个额外基因或片段后需加入一个特殊标记，而且这一标记应该能被 Cre 识别。

---

① Mb 指 DNA 的长度，意为百万碱基对，即 1Mb=1 000kb。

这个位点就是 loxPsym，我们将这个位点称为酵母合成基因组标记序列，Cre 在这里对 DNA 进行切割，并在此把外来序列连接环化。

➢ 中国科学家的功绩

继 2014 年美国科学家人工合成酵母染色体 III 后，另有 5 条酵母染色体人工合成也相继被攻克，中国科学家完成了其中的 4 条，该重量级成果发表于 2017 年 3 月 10 日的权威学术期刊《科学》上。中国科学家在合成生物学领域后来居上，由"跟跑者"逐渐变成"并跑者"和"领跑者"。其中贡献尤为突出者——元英进，是"Sc2.0 计划"的国际化推动者及中国最早的参与者，带领团队攻克 2 条酵母染色体的人工合成，他的团队以第一作者和通讯作者的身份在《科学》上发表了两篇文章。元英进团队合成了两条染色体，即 5 号、10 号染色体（synV、synX），并创建了高效的染色体缺陷靶点定位技术和染色体点突变修复技术。我国的其他科研团队，如戴俊彪、姜韶东等学者，在真核生物基因组设计与化学合成，以及理论探讨方面取得重大突破，完成了当前已合成酵母染色体中最长的 12 号染色体（synXII）的全合成，还与英国研究团队合作完成了 2 号染色体（synII）的合成。我国学者在合成基因组学基础研究方面也有所建树，开发出新型的基因组重排技术，并对合成体的表型进行了深入研究。

染色体合成过程按照"设计-合成-检验"这三大环节循环进行。首先，通过计算机辅助设计出待合成的酵母染色体的基因序列；然后，将合成好的 DNA 片段逐轮导入酵母内，以组装和替换天然的野生型染色体；最终，再对已经替换好染色体的合成酵母细胞进行生长检验和确认。

元英进（中）在实验室中

自地球生命体系诞生以来，自然遗传规律是生命代代相传、生生不息的基本规律，生命遗传物质也只能通过自然复制得以延续。随着DNA重组技术等分子生物学研究的突破，科学家开始尝试打开"人造生命"的大门，用"重塑生命之手"造福人类。2003年，美国的克雷格·文特尔研究团队用人工合成的方法，成功组装出 ΦX174噬菌体基因组，实现病毒人工基因组的化学合成；2010年，他们终于构建出一个仅由合成基因组控制的新型蕈状支原体细胞——"辛西娅"。自2014年起，参与"Sc2.0计划"的科学家又向攻克合成酵母染色体奋进。我们相信，未来在合成基因组学领域将有更多的科研创新接踵而至。

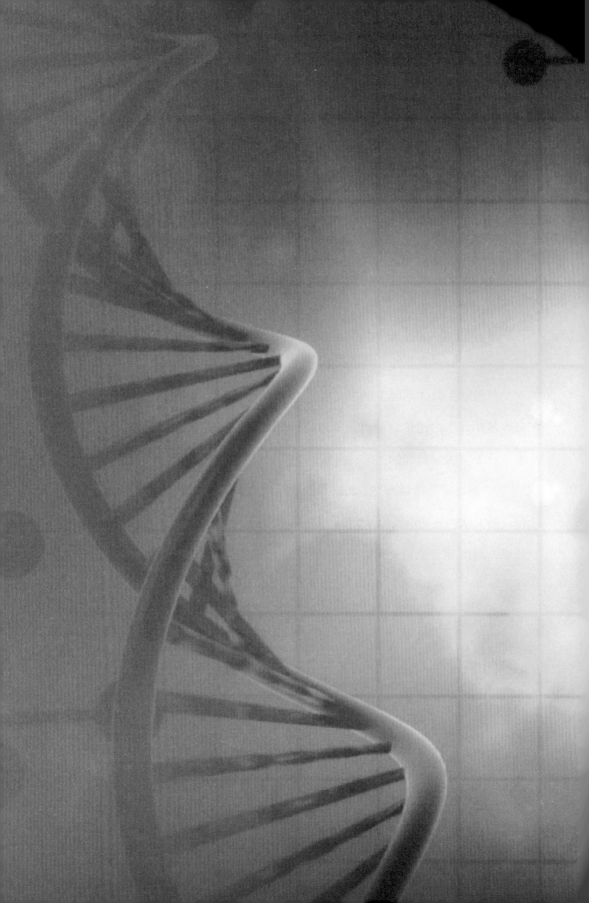

06

多样的生育

在人类生生不息的繁衍历程中，有一部分人却天生被"剥夺"了生育的权利，失去天伦之乐。造成这种情况的原因有很多，如输卵管堵塞、少精或无精症等疾病造成不孕不育的问题。科学家一直在探索出现生殖障碍的原因，在此基础上，便有可能改善或解决生育难题，为无法生育后代的人点燃传承生命的"希望之火"。

让我们一同来看看有哪些较为成熟的克服生殖障碍的技术吧！

人工辅助生殖

英国科学家罗伯特·爱德华兹和帕特里克·斯特普托，以及我国的生殖医学专家张丽珠和卢光琇，开创了人类辅助生殖的研究——试管婴儿技术，有效地解决了很多因生殖器官缺陷、精卵数量和活力不足等原因而导致的不孕不育问题。

➤ 试管婴儿技术的发展

试管婴儿技术包括体外受精与胚胎移植，其简要过程如下：对女方注射促性腺激素，使其卵巢排出多个卵子，取出卵子置于培养基中，与精子进行体外受精。在培养基中培养受精卵，当发育为8细胞期的早期胚胎时，将胚胎移植入母体子宫，使胚胎进一步发育，直至婴儿诞生。这种技术也被称为人工辅助生殖。

人工辅助生殖技术的应用可追溯到 20 世纪，罗伯特·爱德华兹在英国威尔士大学攻读农学专业，但他对植物不感兴趣，迷恋于动物后代繁殖的课题，之后到爱丁堡大学从事小鼠胚胎发育的研究。这时，他脑海里萌发了让人类的卵子在体外受精的想法。在研究中，他发现促性腺激素可促进成熟雌鼠排卵，这结果为以后试管婴儿技术的研究奠定了理论基础。

1958 年，根据哺乳动物体外受精和胚胎移植技术，爱德华兹开始研究人类的受精过程。这是一项探索"未开垦的处女地"的研究，不仅在技术上困难重重，还面临世俗的压力和非议，但为了解决不孕女性的生育愿望，经过多年锲而不舍的努力，他终于试验成功。

1968 年，爱德华兹实现了人卵的体外受精，但受精卵不分裂。他在查阅文献时，意外地看到妇科专家帕特里克·斯特普托的文章，斯特普托掌握腹腔镜技术，用来检查患者的输卵管，还可把精液输入输卵管内。爱德华兹找到斯特普托，他们不仅有共同的目标，而且在技术上强强联合，于是开始了后来举世闻名的试管婴儿技术的研究，这一合作长达 20 年之久。

1977 年，结婚 9 年不育的布朗夫妇，来到他们的诊所求治。经过一系列的操作后，布朗太太怀孕了。世界首例试管婴儿在 1978 年 7 月 25 日来到人间，这是一名幸运儿，取名为路易丝·乔伊·布朗。小生命的降临似乎打破了生命诞生的伦理关系，人类扮演了"上帝"的角色，有人认为这是打开了"潘多拉的盒子"。但这个小生命给她的父母带来无限快乐，也给其他不孕不育的夫妇带来了希望。现在，路易丝已经成为孩子的妈妈，她的儿子小布朗出生于 2016 年。

罗伯特·爱德华兹（左）

➤ 中国试管婴儿技术先行者——张丽珠

张丽珠祖籍云南大理，生于上海，1937年考入中央大学航空工程系，抗日战争全面爆发后，她未随大学搬迁，而是先到暨南大学借读一学期的物理学专业，1938年转学到上海圣约翰大学攻读医科。1944年夏，她毕业后前往沪西妇产科医院任住院医师，于1946年远渡美国，接受巴克斯顿医生的邀请去进修医学。在美国期间，张丽珠学习了内分泌学、解剖学、妇产科病理学及妇科手术等知识。

1949年，张丽珠又赴英国，在伦敦玛丽·居里医院进行肿瘤早期诊断研究，后来她还想从事临床工作，又转到海克内医院学习。

1951年7月，张丽珠回国，成为北京医学院第一附属医院（现为北京大学第一医院）妇产科副教授。1958年，北京医学院第三附属医院（即目前的北京大学第三医院，简称为"北医三院"）创建，她担任该院妇产科主任直至退休。作为妇产科医生，张丽珠接触了很多不孕不育症患者，对他们各方面的压力和痛苦都很了解。1982 年，她决定在我国开展试管婴儿的研究。当国外试管婴儿诞生后，外国专家曾到中国台湾（1985 年）和香港地区（1986 年）推广，相继成功。他们在北京、广州等地尝试了十多例试验，但没有成功。张丽珠也遭遇了 12 次失败，直到 1987 年 6 月，迎来了第 13 次试验。经过一系列的技术环节，如超数排卵、体外受精与培养后移植等，1988 年 3 月 10 日，中国大陆（内地）首例试管婴儿终于在北医三院降生。

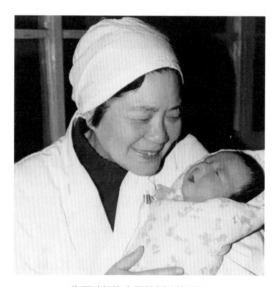

张丽珠怀抱中国首例试管婴儿

➤ 中国试管婴儿技术先行者——卢光琇

卢光琇出生于湖南省长沙市的一个知识分子家庭，她于 1964 年毕业于湖南医学院，1964～1978 年在衡阳人民医院和广东省梅县人民医院任外科医生。1985 年后，历任湖南医科大学生殖工程室副主任、中南大学生殖与干细胞工程研究所所长、中信湘雅生殖与遗传医院院长等职。

卢光琇

　　卢光琇的父亲卢惠霖是中国医学遗传学奠基人之一，当他看到世界首例试管婴儿诞生的报道后，自己多年的"优生梦"有突破的希望，他希望卢光琇能开展这方面的工作。卢光琇在39岁之前的"舞台"是手术室，要开展生殖方面的研究工作，她要一切从零开始。

　　1981年，卢光琇到中国科学院遗传研究所（现为中国科学院遗传与发育生物学研究所，简称"中国科学院遗传所"）进修实验动物的生殖工程（如鼠、兔的超数排卵、取卵、胚胎体外培养、供受体的同步发情和胚胎移植等内容），并到北京供奶站，观看公牛采精和精子冷冻程序。1981～1982年，她和中国科学院遗传所的研究者合作进行人卵母细胞的体外培养。

　　1983年，中国第一个人类冷冻精子库建立，可为无精症和患有严重遗传病的患者提供健康精子。在卢光琇的指导下，我国首例冷冻精液人工授精的婴儿诞生了。

初期，试管婴儿这项技术适用于女性输卵管堵塞造成的不孕症，可是造成不孕不育的因素很多，如卵子的质量、男方生殖系统的问题、胎儿自然流产等。由此，衍生了一系列技术，如单精子卵细胞质内直接注射技术、产前诊断技术、植入前胚胎筛查等，这些技术的成熟，让不孕不育症患者可以生育孩子的心愿得到满足。

➤ 试管婴儿技术解析

（一）单精子卵细胞质内直接注射技术

单精子卵细胞质内直接注射是使用显微镜操作的技术，利用特殊工具吸出一个精子注射到卵细胞质内，使卵子受精，经体外培养，受精卵发育成早期胚胎后，再将胚胎移植到母体子宫内着床。这项技术适用于男性少精、弱精、精子畸形或无精症等。

（二）产前诊断技术

生育健康的孩子是人们的心愿，如果父母患有遗传疾病时，在怀孕后可进行产前诊断，以预防某些疾病的遗传，提高生育质量，如利用产前诊断技术进行胎儿染色体数目的检测，可以采用绒毛组织取材技术、羊膜腔穿刺术等。

（三）植入前胚胎筛查

此技术是对胚胎进行"体检"后，将合格的胚胎移植，可预防遗传病的传递。具体操作为，将体外受精并发育到 8 细胞期的胚胎，取出一个细胞进行检测，淘汰异常的胚胎；将合格的胚胎继续培养至囊胚阶段，然后将囊胚移植到母体子宫内，胚胎正常发育至分娩，以生育健康的孩子。

➤ "三冻"试管婴儿

"三冻"试管婴儿指的是什么？

"三冻"指的是冻卵、冻精和冻胚。利用冷冻的卵、精和胚，在解冻后进行移植，所生的婴儿便称为"三冻"试管婴儿。为什么会需要"三冻技术"培育婴儿呢？我们可以从下面这个事例中窥见一二。

2003 年，一位女性婚后多年不孕，经检查是由于丈夫极度少精造成的，他们希望通过人工辅助生殖技术获得孩子，因此到北京就诊。当年年底，医生对这位女性注射促卵泡生成素，便于她的卵巢多排卵，并顺利取出卵子。不巧的是，当时她的丈夫排出的精液中没有发现精子，医生只能将取出的 19 枚卵子冷冻保存。17 个月后，医生解冻这些卵子，并解冻经批准的冷冻精子库的精子，进行单精子卵细胞质内直接注射，把精子导入解冻后的卵子，然后体外培养这些受精卵，有 13 枚胚胎发育良好。又不巧的是，此时这位女性宫腔出血，不能移植胚胎，医生不得不再次冷冻胚胎保存。一个月后，医生解冻了 3 枚胚胎，移植到这位女性子宫内。这就是我国首例"三冻"试管婴儿的诞生过程。

据报道，世界首例"三冻"试管婴儿于 2004 年在意大利出生，他们采用的是慢冻快融冷冻卵子的方法；而我国采用了更加便捷的玻璃化冻存技术冷冻卵子，成功率更高，这说明我国人工辅助生殖技术又迈上一个新台阶。

➤ "三亲"婴儿

除了"三冻"试管婴儿外，还有"三亲"婴儿。

"三亲"婴儿技术的诞生与遗传物质中的线粒体 DNA 密不可分。

无论是人类自然生殖，还是人工辅助生殖，每个人除了从父亲和母亲那里各获得一份细胞核内的遗传物质（DNA），还会获得一份母亲卵细胞质中的线粒体 DNA。什么是线粒体？它有什么功能？

线粒体是一种很小的细胞器，直径只有 0.5～1.0 微米，存在于多数真核生物的细胞质中，是细胞进行有氧呼吸的场所。在这里，细胞中的糖类、脂肪和氨基酸被氧化并释放出能量，供生命体活动，被称为细胞的"能量工厂"。它还参与调控细胞的分化、生长、凋亡和信息传递，有自己的遗传物质，即线粒体 DNA（mtDNA），结构较为稳定、不易被破坏。人体细胞的线粒体来自母亲，而精子含有非常少的细胞质，使得男性的线粒体 DNA 不能遗传给后代。

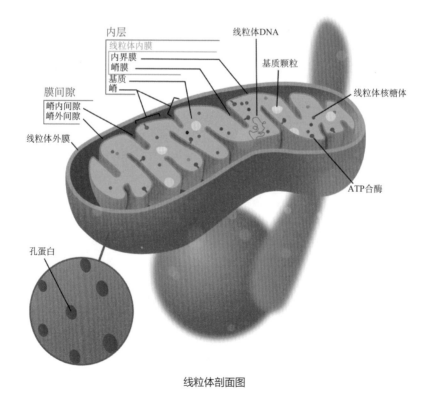

线粒体剖面图

线粒体病是一类因线粒体功能异常而导致大脑、肌肉等器官严重损伤的遗传性疾病，平均每 5 000～10 000 个新生儿中就有 1 个患此病。此病为母系遗传，即携带致病线粒体的母亲将线粒体病遗传给她的所有孩子。有何方法能使携带此疾病的女性拥有健康的孩子呢？借助"三亲"婴儿技术或许能解决此难题。

"三亲"婴儿技术的研究在 20 世纪 90 年代末就已开始，美国纽约大学的生殖学家杰米·格里佛尝试用此方法治疗不孕症女性。该技术步骤为，先取出该女性卵细胞的细胞核，将它移植到另一健康女性已去核的卵细胞中，再用患者丈夫的精子授精，最后将受精卵植回不孕女性的子宫。如果顺利的话，利用这项技术出生的孩子具有三个人的 DNA，即父母双方的细胞核 DNA 和另一女性的线粒体 DNA，这个孩子就是我们所说的"三亲"婴儿。可是，格里佛的这次试验没有成功。

2015 年，英国放开对线粒体替代技术研究的政策，允许在特殊情况下使用此技术。因此，英国成为世界首个批准这项充满伦理争议技术的国家。

2016 年 4 月 6 日，美国生殖医学中心张进研究团队利用这项技术在墨西哥为一对约旦夫妇完成手术，使他们生下一名男婴。所以，从严格意义上来说，"三亲"婴儿有一个父亲和两个母亲。

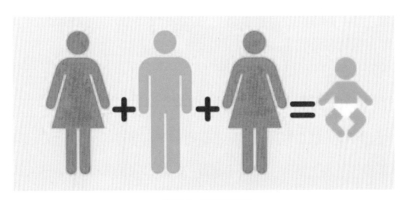

"三亲"婴儿示意图

2017 年 1 月 5 日，乌克兰的研究团队利用"三亲"婴儿技术，帮助遭受不孕症困扰的一名女性生下一名女婴。这位女性患有因胚胎停止发育而引起的不孕，即受精卵在分裂生成几个细胞后停止生长。荷兰生育专家伯特·斯梅茨认为，这种方法或可能解决因卵细胞质问题引起的不孕，但它不能解决所有女性不孕的问题。

➢ 干细胞婴儿

2015 年，一名"干细胞婴儿"在加拿大出生。

这名"干细胞婴儿"是从女性的卵巢干细胞中提取线粒体，注射到卵细胞中，因此，这个卵细胞多了一些从干细胞中提取的线粒体，此技术能够提高体外受精的成功率。由于使用自身的干细胞线粒体，所以这一技术不存在如"三亲"婴儿的伦理问题。

但人们对此技术仍心存怀疑，英国生育学会主席亚当·巴伦认为，尚无法证明此技术就是试验成功的唯一原因。

不少专家认为，人为干预和天然受精发育是有区别的，"干细胞婴儿"技术的发展，虽然对不孕女性来说是福音，但婴儿长大后是否出现健康问题还需要长时间观察和研究。

➢ "添宫婴儿"与机器人辅助子宫移植

"添宫婴儿"，就是利用移植他人捐赠的子宫孕育的孩子。由于移植的胚胎一般采用的是人工辅助生殖技术获得的胚胎，或冷冻保存的胚胎，也属于试管婴儿的范畴。

有些女性生来就没有子宫或子宫畸形而造成子宫性不孕症，子宫移植为患有子宫性不孕的女性提供一种可能的生育方式，能满足她们的生育需求。

2019 年 4 月，有一个小男孩降生了。他是瑞典马茨·布伦斯特伦医生团队利用机器人辅助手术诞生的孩子，也是世界首例在外祖母捐赠给女儿的子宫里孕育的"添宫婴儿"。

这项手术利用的正是达·芬奇手术机器人，不像一般的人型机器人，从医学角度看，它就像高级腹腔镜系统，其设计理念是通过使用微创的方法来实施复杂的外科手术。

达·芬奇手术机器人

这种手术只需在腹部切出 5 个不到 1 英寸（约合 2.54 厘米）的切口，机器手臂由两名外科医生引导，通过观察放大的视频图像来操纵仪器，在捐赠者腹部完成整个子宫、动脉和静脉的剥离后，取出子宫，并立即采用开放式手术移植给受体。

而移植的子宫在顺利生育婴儿后，必须摘除，以防止出现严重的排异反应。

奇特的单性生殖

生物科技发展至今，人们已创造出克隆技术，灵长类的猕猴也能够被克隆出来了。其实，自然界中的一些动物天生就有"克隆"能力，许多雌性动物能自行繁殖，不需要雄性动物的参与，这种生殖方式被称为单性生殖，又称孤雌生殖。

一般单性生殖现象在低等动物中较多，如蚜虫等，而高等动物中则较少，脊椎动物偶有所见。哺乳动物没有单性生殖现象，其他物种偶有单性生殖现象，如鱼类中的野生锯鳐和双髻鲨，爬行动物中的的科莫多巨蜥，鸟类中的火鸡等。

双髻鲨

科莫多巨蜥

火鸡

我国研究单性生殖的先驱——朱洗

我国已故著名实验生物学家朱洗曾参加五四运动，后赴法国求学。在法国学习期间，他总是提早一小时到教室，又在下课后晚一小时离开，就在这一前一后的两小时里，完成了课前预习和课后复习及整理笔记的工作，可见朱洗十分勤奋好学。

青年时期的朱洗

在法国期间，朱洗师从致力于动物（青蛙）单性生殖实验的著名生物学家巴德荣教授。在青蛙单性生殖实验过程中，由于蛙卵外壁过于坚硬圆滑，导致针刺失败。朱洗从罐头外壁受热膨胀的现象中获得启发，建议将针适当加温后刺入蛙卵，最终使实验取得成功，获得世界首例"没有父亲的青蛙"。

　　1932 年，抱着"科学救国"的信念，朱洗学成后回到祖国，开展生物学研究工作。1961 年，他带领研究团队用蟾蜍卵细胞，培育出世界上第一批"没有外祖父的蟾蜍"。为了这项研究，他们曾进行三批次实验，第一批次实验共刺了 6 830 个卵细胞，只获得 13 个畸形胚胎；第二批次实验刺了 3 500 个卵，获得 5 只蝌蚪；第三批次实验刺了 4 104 个卵，获得 167 只蝌蚪，最后有 25 只发育为成体，其中有两只蟾蜍经自然交配后产卵，故获得"没有外祖父的蟾蜍"。实验成果解决了国际生物学界争论几十年的人工单性生殖的生物是否具有生殖能力的问题，朱洗这种锲而不舍的探索精神值得我们后人学习。

蟾蜍

　　朱洗不仅是我国细胞生物学和实验生物学的创始人和奠基人之一，还是编著科普作品的作家。在 20 世纪三四十年代，我国正值社会动荡之际，他历时十年创作了"生物学丛书"第一辑，包括《蛋生人与人生蛋》《我们的祖先》《重女轻男》《雌雄之变》《智识的来源》《爱情的来源》；后又出版第二辑，包括《维他命与人类之健康》《霍尔蒙与人类之生存》等。尽管现在看来，他的书中有一些知识显得有些"落伍"，但能够体现朱洗在研究过程中的探索精神和科学思想。

哺乳动物可以单性生殖吗？

目前，没有一种哺乳动物被发现能自然地进行单性生殖。科学家曾尝试利用小鼠进行孤雌生殖实验，这些胚胎发育到24个体节[1]阶段，就停止发育，因此实验都没能成功。但随着当今科技不断发展，科学家已经获得孤雄生殖的小鼠，这打破了生殖过程原有规律。

➤ 哺乳动物孤雌生殖研究

2004年，日本研究者敲除小鼠卵细胞中的两个基因后，将此卵细胞和正常卵细胞融合到一起，再把融合细胞移植到代孕母鼠子宫，最后获得一只小鼠，给它命名为"辉夜姬"。

2013年，中国科学院动物研究所的李伟课题组、周琪课题组和胡宝洋课题组合作，从小鼠未受精的卵子中培育出单倍体胚胎干细胞，这些细胞携带很少的印记基因。2015年，他们将母源单倍体干细胞注射到卵母细胞中，培

---

[1] 体节是指在脊椎动物发育中，位于脊索和神经管两侧分节排列的中胚层组织团块，是骨骼、肌肉、皮肤和尿殖器官的发生来源。体节的形成具有时序性，先从头部开始。

育出拥有两个母亲的小鼠，即实现了"孤雌生殖"，这些小鼠虽然能繁育后代，但个体小。2018 年，他们敲除雌性小鼠单倍体胚胎干细胞的两个印记基因（即 *H19* 和 *IGF2*），再删去 *Rasgrt1* 基因上游的印记区域，然后注入到另一只雌鼠卵细胞中，获得 210 个发育的胚胎，最后培育出 29 只孤雌生殖的幼鼠，其中有 7 只健康生长至成年，并产下自己的后代。

孤雌小鼠及其后代

什么是印记基因？科学家在 1988 年发现印记基因的存在，但那时尚不知道此基因如何解开哺乳动物同性繁殖的"封印"。印记基因是指附着在 DNA 上，负责关闭基因表达的化学标签，属于表观遗传学修饰，某些特殊位点的基因受到印记影响，只表达父源或母源的等位基因，如胰岛素的生长因子 *IGF2* 基因，只有来自父本的 *IGF2* 基因能表达，而来自母本的 *IGF2* 基因虽然序列相同，却处于关闭状态，这意味着只有同时携带亲本双方的染色体才能实现互补，这样后代才能正常发育，这正是同性来源的胚胎无法正常发育的关键，也就是说印记基因是阻止同性生育的分子"屏障"。

➤ 孤雄生殖——两只雄性小鼠也能拥有自己的幼鼠

据研究，自然界中只有斑马鱼[①]等少数的生物有"孤雄生殖"现象。中国科学院动物研究所的科学家利用敲除雄性小鼠单倍体胚胎干细胞的 7 个基因印记区，并将编辑过的单倍体胚胎干细胞与另一雄性小鼠的精子注入去除了细胞核的卵细胞中，再将这些卵细胞移入代孕母鼠体内，生下 2 只幼鼠，但这 2 只小鼠只存活了 48 小时。

孤雄生殖小鼠（中国科学院动物研究所博士后王乐韵摄）

值得思考的是，这项研究是否有可能为同性打开"双方繁育后代之门"呢？

➤ 人造精子

2009 年，英国纽卡斯尔大学干细胞生物学家卡里姆·纳耶尼亚利用一种化学物质和维生素构成"鸡尾酒"培养液，利用人体干细胞培育出原始精子。

---

① 斑马鱼为鱼纲、鲤科的鱼类，原产印度和孟加拉国，体形略呈纺缍形，头小而稍尖，吻较短，全身布满多条深蓝色纵纹似斑马而得名。

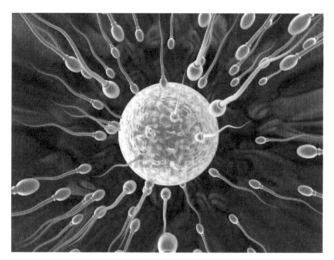

精卵结合示意图

2012 年，中国科学院上海生物化学与细胞生物学研究所李劲松和徐国良领导的研究团队制造了小鼠孤雄单倍体胚胎干细胞，属于"人造精子"实验。这个"人造精子"有较好的雄性印记基因，当注入卵细胞后，可将遗传物质传递给后代，如同精子一样。由于这种人造精子只携带 X 染色体，所获得的后代全都是雌性小鼠。可贵的是，这种"人造精子"能够在体外长期培养扩增。孤雄单倍体胚胎干细胞的建立，为以后更有效而快速地获得基因改造动物提供了新技术。

孤雄单倍体胚胎干细胞培育小鼠示意图

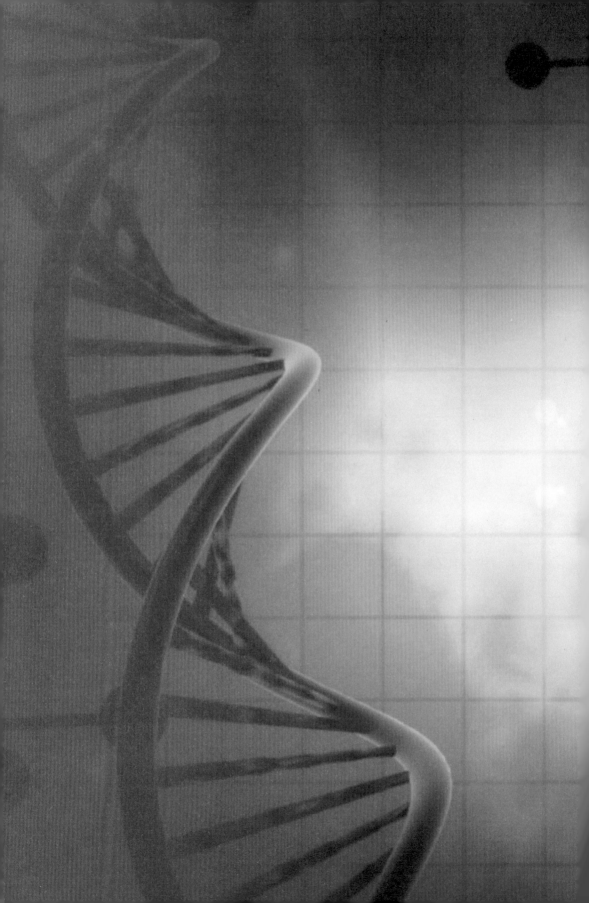

07

干细胞的
"神威"

生命之美像是盛开的花朵，美丽舒展、绚丽多彩，又像是精美的小诗，清新流畅、意蕴悠长。生命之美，不只在于我们能创造多大的辉煌，而在于探寻平凡之美。

人的生命只有一次，不可重来、不可复制，若不用心呵护，也会失去它应有的光彩。人的生命也不会只有坦途，还有很多困难、挫折、伤痛等，疾病便是人们无法逃避的"恶魔"，经常让患者受到极大的困扰或痛苦。当下，科技的发展、医药学的进步，或许能在一定程度上解除人们的病痛。

干细胞移植：重燃生命之火

很多生物学问题的答案，最终都要到细胞中寻找，疾病的治疗亦如此，而干细胞可能蕴藏了更重要的答案。

何谓干细胞？

干细胞即起源细胞、发端细胞，是一类具有多向分化潜能和自我复制能力的细胞，是成体动物各种组织器官的原始细胞。干细胞有两大类，即成体干细胞和胚胎干细胞。

➤ 成体干细胞

成体干细胞是指存在于一种已经分化组织中的未分化细胞，这种细胞是能自我更新并能形成组织的细胞。已经发现的成体干细胞包括造血干细胞、神经干细胞、皮肤干细胞、骨髓间充质干细胞等。在正常情况下，这些干细胞处于休眠状态，而在病理状态或外因诱导下，则可以表现出再生和更新能力。如今，成体干细胞是已进入临床应用的干细胞。

目前，已经应用成体干细胞于临床中治疗包括白血病、再生障碍性贫血、镰状细胞贫血、卵巢早衰、白内障、子宫内膜受损造成的子宫粘连等疾病。

➤ 胚胎干细胞

顾名思义，胚胎干细胞取自于胚胎，当受精卵经过多次分裂发育到囊胚期时，形成有腔的两层细胞，外层细胞称为滋养层细胞，之后会发育成胎盘；滋养层细胞腔内有一团细胞就是胚胎干细胞，之后会分化、发育形成胎儿。

1981 年，英国剑桥大学的马丁·伊文等人首次成功分离出小鼠胚胎干细胞，这是一种高度未分化的细胞，是具有发育全能性的细胞，能分化为成体动物的所有组织和器官，并建立胚胎干细胞系。1998 年，美国威斯康星大学麦迪逊分校的生物学家詹姆斯·托马斯等人用人体胚胎组织成功培养了世界上第一个人胚胎干细胞系，但这项研究引发了一场道德"风暴"。批评者认为，胚胎等同于人类，不能将人体胚胎用于胚胎干细胞系研究。尽管如此，人体胚胎干细胞的研究并没有被完全禁止，有些国家依然在持续研究。

2002 年，美国科学家用人体胚胎干细胞培养出毛细血管，表明人胚胎干细胞在治疗心血管疾病方面具有应用潜力。

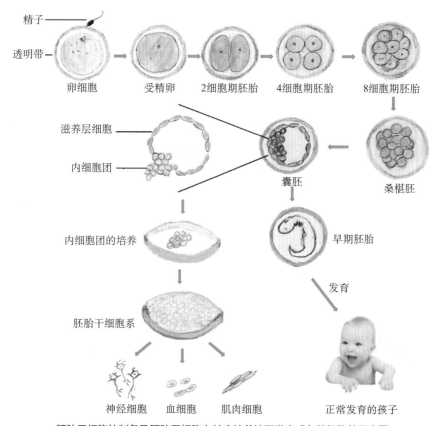

精子
透明带
卵细胞　受精卵　2细胞期胚胎　4细胞期胚胎　8细胞期胚胎

滋养层细胞
内细胞团
囊胚　桑椹胚

内细胞团的培养
早期胚胎
发育

胚胎干细胞系

神经细胞　血细胞　肌肉细胞　正常发育的孩子

胚胎干细胞的制备及胚胎干细胞在特定培养液下发育成各种细胞的示意图

诱导多能干细胞的创建

20 世纪 60 年代，英国发育生物学家约翰·伯兰特·格登将爪蟾蝌蚪的肠细胞移植至去核卵细胞中，培育出小爪蟾；1997 年，英国胚胎学家伊恩·维尔穆特将绵羊的乳腺上皮细胞移到去核卵细胞，培育出克隆羊"多莉"（下一章中会详细介绍），这一过程被看作是一种细胞重编程研究。

什么是细胞重编程？

重编程是将已分化的细胞转回到胚胎细胞的状态，具有发育为所有细胞的潜能。但我们不知道细胞内究竟发生了什么，在这里需要谈一谈诱导性多能干细胞（iPS 细胞）的创建。

山中伸弥

日本科学家山中伸弥有一天去看望一名在不孕不育门诊工作的朋友时，刚好朋友在显镜下观察人体胚胎。山中伸弥也想看一看，谁知这一看，竟改变了他的科研生涯。他在显微镜下看到处于囊胚期的胚胎，想起自己的女儿曾经也处于这个阶段，而人们却要破坏这个胚胎取出胚胎干细胞，作为父亲的他心中难安，认为不能为了研究而破坏人类胚胎，一定要想办法，开辟新的研究途径。

➤ 开辟"第二跑道"

体细胞克隆羊"多莉"诞生后，其他动物的克隆，如小鼠、兔、牛、马等动物的克隆也相继成功，给山中伸弥很大启发，克隆实验说明完全分化了的体细胞也能逆转回到类似胚胎干细胞的状态。山中伸弥认为反其道而行之或许是一条新路径。这是一条什么路，为什么说他反其道而行之？科学家一直想让胚胎干细胞发育成其他细胞，而山中伸弥却想让成体细胞发育成胚胎干细胞。

经过多年研究，终于在 2006 年，山中伸弥利用逆转录病毒将 4 个因子，即 *Oct3/4*、*Sox2*、*c-Myc* 和 *Klf4* 导入小鼠皮肤细胞，成功制造出小鼠诱导性多能干细胞，简称为 iPS 细胞。在科学界，这 4 个因子被称为"山中伸弥 4 因子"，这些小鼠 iPS 细胞可以分化为任意细胞。正是这一成果让山中伸弥在 2012 年获得诺贝尔生理学或医学奖。

早在 2007 年 11 月，山中伸弥实验室和美国科学家詹姆斯·汤姆森分别在《细胞》和《科学》期刊上发表文章，阐明将人类皮肤细胞转化为 iPS 细胞的过程。

体细胞重编程技术的飞跃

人们一直在寻找已分化的成体细胞能否逆转，使之重新获得类似胚胎发育早期的"多潜能性"，而且能重新定向分化成为具备功能的细胞。日本科学家山中伸弥的研究已经证明哺乳动物体细胞可以"重编程"，中国科学家周琪的研究证明了其"多潜能性"。

➢ 从 4 因子到 6 因子

山中伸弥利用 4 因子（*Oct3/4*、*Sox2*、*c-Myc* 和 *Klf4*）进行重编程，获得小鼠的诱导性多能干细胞，并认为 *Oct3/4* 是细胞不可替代的因子，而 *c-Myc* 具有致癌作用。中国科学院广州生物医药与健康研究院陈捷凯研究员开创了全新的重编程 6 因子，分别为 *Jdp2*、*Jhdm1b*、*Id1*、*Sa114*、*Lrh1* 和 *Glis1*，并获得稳定的重编程效果。陈捷凯坦言，人们对无论 4 因子，还是 6 因子的作用机制的认识都十分有限，需要进一步探讨、加深认识，以找到提升转化效率的方法，希望可以找出更多可行的转化途径。

➤ 小分子化合物逆转 "发育时钟"

北京大学生命科学学院邓宏魁教授利用小分子化合物诱导小鼠体细胞重编程为 iPS 细胞，并将其命名为 "化学诱导的多潜能干细胞"（CiPS 细胞），开辟了一条用全新的、更简便的手段就能够实现诱导体细胞重编程的途径。

➤ iPS 细胞培育的小鼠

iPS 细胞研究突飞猛进，而它是否与胚胎干细胞一样具有全能性呢？

我国科学家周琪回答了这一疑问。他的研究团队将 iPS 细胞注射到四倍体的囊胚，这个囊胚没有进一步发育的能力，是仅提供营养和环境的胚胎，然后将囊胚移植到代孕母鼠体内，最终发育成正常的小鼠。这是中国科学家在世界上证实 iPS 细胞具有全能性的唯一实验。

➤ 人造精子在培养基中获得后代

2016 年，中国科学家在实验室成功培育出小鼠功能性精子，并产下后代，这一研究成果有可能为今后治疗男性不育症的临床研究搭建简单可行的平台。

人体早期胚胎干细胞可分化成任何细胞，曾有科学家试图在培养基中，利用早期胚胎干细胞培养生成精子，因精子发生过程涉及复杂的染色体配对和 DNA 的分离,多数研究都未能成功。2011 年,日本科学家曾将胚胎干细胞诱导成精子的类原始生殖细胞,但将这些细胞移植到小鼠睾丸内,科学家未能观察到减数分裂的过程。

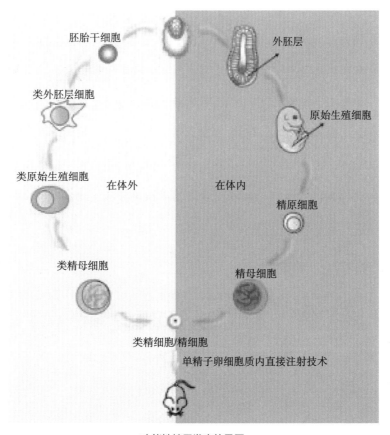

胚胎干细胞

外胚层

类外胚层细胞

原始生殖细胞

类原始生殖细胞   在体外   在体内   精原细胞

类精母细胞   精母细胞

类精细胞/精细胞

单精子卵细胞质内直接注射技术

功能性精子发育的异同

中国科学家的研究则说明移植成为不必要的过程。首先,他们将小鼠胚胎干细胞诱导成类原始生殖细胞;其次,为了模拟原始生殖细胞在体内发育的自然环境,将类原始生殖细胞和精原细胞共培养,并添加性激素,如睾酮等,这些从小鼠胚胎干细胞得来的类原始生殖细胞除去印记基因,完成减数分裂,最终形成功能性类精细胞；最后，利用单精子卵细胞质内直接注射技术，将注入功能性类精细胞的"类受精卵"移植给代孕母鼠后，可产下健康后代。

➤ 人造卵子培育小鼠

日本科学家从雌性小鼠尾巴上取出皮肤细胞，向细胞内注射一种化合物，其中含有山中伸弥4因子；经过培养，皮肤细胞转化成胚胎干细胞；接着胚胎干细胞分化成为原始生殖细胞（卵细胞的前身）。原始生殖细胞具有两套染色体（卵细胞只有一套染色体），根据研究者多年的实验，调整培养基及加入其他小鼠的卵巢细胞一起培养，可使原始生殖细胞分化成为卵细胞，再将卵细胞进行体外受精后，移植到代孕母鼠体内进行孕育，经过几次实验后，最终获得11只幼鼠。

人造卵子培育的幼鼠

iPS 细胞应用初见端倪

鉴于 iPS 细胞具有分化成为各种组织细胞的能力，所以其在生物和医学领域具有广阔的应用前景。

➤ 拯救渐冻症患者

肌萎缩侧索硬化（ALS，俗称渐冻症），是一种渐进和致命的神经退行性疾病。ALS 患者由于上、下运动神经元退化或死亡而停止传送信息到肌肉，导致肌肉逐渐萎缩，丧失控制运动的能力而瘫痪。

iPS 细胞技术的出现，使得在培养基中"制造"缺陷细胞的想法成为可能。2007 年 6 月，美国科学家张文迪拜访渐冻症患者及其健康的姐姐，并从她们的身上采集皮肤细胞，经过诱导变成 iPS 细胞，通过重编程分化成为神经细胞。从分子层面上看，由 iPS 细胞形成的组织培养物与细胞捐赠者具有同样的缺陷，简单地说，科学家在培养基里"制造"出了 ALS 的 iPS 细胞系。有了这些细胞，科学家就可以研究 ALS 患者的神经究竟出了什么问题，还能着手筛选对该病变有效的药物。这项研究若获得成功，也可用于对其他疾病的研究及药物筛选中。

中国科学院遗传所和其他机构合作，建立了 ALS 转基因猪模型，可为揭示 ALS 致病机制和开发相关药物提供动物模型。

➤ 治愈帕金森病成为可能

帕金森病是一种常见的神经系统变性疾病，由一种多巴胺能神经元[①]不明原因变性并渐进性缺失所致，此病多见于老年人。因此，修复或补充受损神经元，是治疗帕金森病的关键。

日本医学专家曾在 2017 年把由人类 iPS 细胞制备的神经细胞植入患有帕金森病的猴子模型中，其后观察到其症状有显著改善，接着，又开展了利用 iPS 细胞治疗帕金森病的临床试验。2018 年，他们将 240 万个多巴胺能神经元前体细胞植入一位 50 多岁患者的大脑内，如果这一治疗结果显著有效，计划在 2020 年年底之前对其他 6 名帕金森病患者进行治疗。

中国科学院遗传所和云南中科灵长类生物医学重点实验室在 2014 年合作，首次制备了帕金森病的转基因猴模型，为该病的早期发病机制研究及早期干预治疗提供重要的动物模型。

➤ 再生医学迎来新疗法

再生医学是指利用生物学与工程学的原理、方法，促进机体自我修复与再生或构建新的组织器官。组织器官功能的丧失或衰竭是人类健康面临的难题之一，但有些动物有很强的再生能力，如壁虎，它的尾巴断了，还能再生长出新的尾巴，如果人体也能像这些动物一样使受损的器官或肢体再生，那该有多好。

（一）鹿茸再生

中国农业科学院研究员李春义一直从事鹿茸再生的研究。鹿茸是雄鹿的

---

① 多巴胺能神经元：含有并释放多巴胺作为神经递质的神经元。

嫩角,是能够再生的附属器官。经过多年的研究实践,李春义证明鹿茸的再生是基于干细胞的存在,并且也了解其完全再生的分子机制。

李春义和他的小鹿

之后,研究者将此机制运用到小鼠断肢实验中,发现在小鼠断肢处竟然诱导出一个生长中心,虽然只出现一小部分的再生现象,但对哺乳动物来说,这一成果也是难能可贵的。

(二)脊髓再生

我国人口基数大,因疾病、创伤或衰老等造成组织或器官缺损的病例也很多。创伤修复、组织再生一直是医学难题之一。以脊髓损伤为例,当前治疗脊髓损伤还局限于脊柱固定、减少继发损伤,再辅助以康复训练等,以提高患者生活自理能力,但这种疗法对促进神经功能的恢复并非有效。脊髓损伤致患者瘫痪的一个原因,是损伤部位形成抑制神经再生的微环境,使神经干细胞不能分化为神经细胞,而变成阻碍神经再生的胶质细胞。

中国科学院遗传所戴建武团队用胶原蛋白制作了功能再生胶原支架,并在世界上率先开展神经再生胶原支架修复损伤脊髓的临床研究。这种支架相当于建造一个可降解的"脚手架"，让内源神经干细胞顺着支架"长"过来，使患者神经有再生的可能。

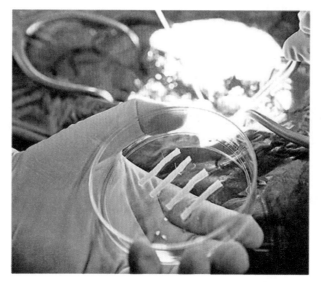

神经再生胶原支架

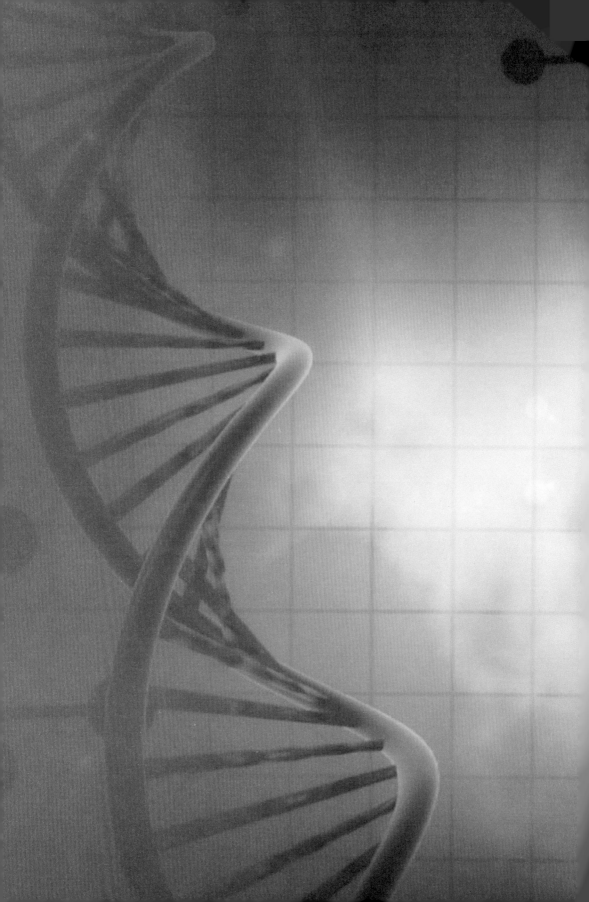

08 漫话克隆及其"兄弟"技术

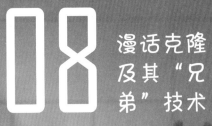

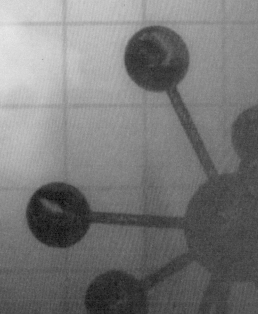

　　物种灭绝可能与气候变化、环境污染、乱砍滥伐树木导致栖息地不断减少、人类捕杀等密切相关。许多物种处于濒危状态，再不采取措施保护，人类或将永远失去这些生物"朋友"。

　　那些已经灭绝或濒临灭绝的动物令人唏嘘不已、无法释怀，因为它们曾经真实地存在于地球上或曾数量众多，是我们地球"大家庭"中的一员，如今却不见踪迹或难寻丽影。复活消失的或壮大稀有动物种群成为一些生物学家的梦想，他们中的有些人一直在寻找让灭绝的动物"起死回生"的技术，克隆技术也许会实现这一梦想。

恐龙胚胎化石（乌拉跨氪摄影）

松花江猛犸象化石（Huanokinhejo 摄影）

什么是克隆？

虽然在细胞重编程一节简要介绍过克隆，但本章我们将详述克隆技术的发展及其应用。

克隆一词来源于英语"clone"一词的音译，这一词语最初来自希腊语，原义是指植物幼苗或嫩枝插条，后来引申为生物的无性繁殖。凡是不通过有性过程而由无性繁殖得到的个体和细胞群，以及经扩增技术得到的分子群，都叫作克隆，所以克隆群体中的每个成员理论上都完全相同。作为动词，克隆是指由一个细胞得到完整的生物个体或完全等同的细胞群体的无性繁殖过程；DNA 分子克隆，是指把一个基因或 DNA 片段插入载体，然后在体外或引到原核生物（如大肠杆菌等）细胞，使其得以扩增的技术和过程。

现在，让我们先回顾一些关于克隆的有趣事例吧！

人们已知有些植物用其枝条扦插可以繁殖，也知道由生殖细胞可以分化和发育成一个完整的生命个体，发现由一个体细胞变成个体的"秘密"却是20 世纪 50 年代的事情。当时，有一位科学家将胡萝卜块根的一部分接种在培养基上，竟奇迹般地长成一个完整的胡萝卜。这说明，即使高度分化的体细胞也具有发育成生物体的全能性，即这种分化后的植物细胞在其核中仍包含着发育成一个完整个体的全部遗传信息。科学家自然联想到动物细胞，动物的无性繁殖，也就是指动物克隆，即不通过有性生殖细胞，直接由亲本分裂形成新个体的繁殖方式。自然界中的无性繁殖多存在于单细胞生物或低等多细胞生物，属于高级动物的脊椎动物是由精卵结合形成受精卵后发育成个体的。

科学家早已对脊椎动物的无性繁殖感兴趣，并着手研究。人工无性繁殖的方法就是细胞核移植，也就是将一个细胞的细胞核移入另一个细胞的过程，因此称为核移植。而按前文所介绍的内容可知，受精卵已经是体细胞，但这是在体内发生的情况，而且受精卵还未分化，那离体细胞情况如何，已分化的细胞又怎样呢？

对此，科学家不断寻求答案，早在 20 世纪 60 年代，用进化程度较低的两栖类动物做实验，将非洲爪蟾未受精卵用紫外线进行照射，破坏卵的细胞核，然后植入蝌蚪的肠细胞核，于是形成一个细胞质是生殖细胞、细胞核来自体细胞的"合子"。大多数"合子"不能分裂或分裂后形成畸形胚胎，但幸运的是，有少数胚胎完全正常，并逐渐发育成蝌蚪和成熟的非洲爪蟾，其特征完全像细胞核供体的亲本，而与非受精卵供体亲本迥异。但这还不能作为动物细胞具有全能性的完美无瑕的证据，因为毕竟此核利用了卵细胞质的一些物质，这些物质是否牵涉分化和发育的原卵的基因转录产物，目前尚不清楚。

另一个例子是将一种小鼠的畸形瘤细胞注射到另一只正常小鼠的囊胚中，再把它植入一只假怀孕的母鼠子宫，结果生下一只外形嵌合的小鼠，这表明瘤细胞具有全能性。所谓假怀孕，是指母鼠先同没有生育能力的公鼠交配，母鼠并未因此受精，只是子宫的状态因交配活动受到调整。

上面两个例子说明，动物体细胞在一定条件下具有全能性。

关于分离出的克隆基因是否能在动物中得到表达？如将兔子的生长激素基因（连同适当的调控序列）注射到小鼠的卵细胞中，由此卵细胞产出的幼鼠的生长激素水平比正常小鼠高数百倍，其身体有两个小鼠大，宛如一只小兔。还有另一件更令人惊奇的事，就是将正常的促性腺激素基因注入因促性腺激素基因不完整而无生育能力的小鼠卵细胞核中，再将此细胞移植到假怀孕的小鼠子宫，竟然能使其产仔，这说明通过分子克隆技术，也可改变动物的性状或对某些疾病进行基因治疗。

为什么克隆技术早已问世，而现在才变成"当红技术"，以及为何与其他"兄弟"技术在生命科学界大行其道？为了更好地理解克隆技术，我们不妨先谈谈细胞核移植的故事。

细胞核移植的前世今生

1902 年,德国科学家汉斯·施佩曼将蝾螈受精卵分裂为 2 细胞时,用胎发结扎,使其分离成两个独立的卵裂球,每个卵裂球都发育为一个完整的胚胎。

1920 年,汉斯·施佩曼通过异位移植方式对蝾螈进行核移植实验。其步骤为:①用发丝将蝾螈受精卵扎成相连的两半,一半含有细胞核,另一半只有细胞质;②有核的细胞分裂,另一半只有细胞质的则保持原样;③在有核的细胞分裂至 16 细胞时,将发丝松开,将一个核送入无核的细胞后,扎紧发丝;④原无核的细胞也开始分裂。两个个体因细胞分裂时间不同,所以有大小之别。这是人类第一次进行细胞核移植实验,其结果说明胚胎发育的关键是细胞核,而不是细胞质指导发育的进程。虽然人们不知道施佩曼为什么会突发奇想,但这一实验很有科学意义,人们称为"奇异的实验",他也由此获得 1935 年的诺贝尔生理学或医学奖。

1952 年,美国的罗伯特·布里格斯和托马斯·金将林蛙发育到后期的细胞核移植到去核卵细胞,完成了细胞核移植技术,可惜这个核移植的细胞只发育到蝌蚪,但也可说这是对施佩曼的"奇异的实验"的验证,是第一次事实意义上的细胞核移植实验。

约翰·伯特兰·格登

　　1958 年，约翰·伯特兰·格登将爪蟾蝌蚪的小肠细胞核导入无核的卵细胞，以获得后代。他的实验证明了来自体细胞的细胞核仍包含形成整个生命个体的所有遗传物质。这是一个概念上的飞跃，为后来克隆动物的研究打下理论基础。虽然当时没有引起人们的注意，但在 2012 年，他同山中伸弥一起获得了诺贝尔生理学或医学奖。

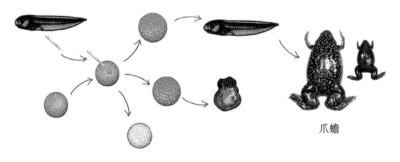

爪蟾

爪蟾细胞核移植实验

➤ 鱼类的胚胎细胞核实验

　　20 世纪 50 年代初，两栖类动物细胞核移植技术刚刚兴起，我国研究克隆的第一人——童第周，就开创了鱼类细胞核移植技术。

童第周

20 世纪 70 年代，童第周仍是每天一大早就到鱼场开始实验工作。鱼缸里的雄鱼追逐雌鱼，这样的追逐嬉戏是为排精和排卵作准备，此时童第周等人开始采集精子和卵子等实验材料以便进行鱼类不同亚科间的细胞核移植实验。其实验材料为金鱼和鳑鲏①，两者属不同亚科的鱼类，实验情况如下。

实验（1）：金鱼卵细胞和鳑鲏精子受精，获得幼鱼。

实验（2）：金鱼卵细胞和鳑鲏精子受精后，受精卵发育至囊胚期，取出细胞核，移至去核的金鱼卵细胞，获得幼鱼。

实验（3）：鳑鲏的囊胚细胞核移至去核的金鱼卵细胞，胚胎全部死亡。

实验（4）：金鱼囊胚细胞核移至去核的鳑鲏卵细胞，胚胎全部死亡。

---

① 鳑鲏是鲤形目鲤科鱊亚科（鳑鲏亚科）所属鱼类的通称，为杂食性鱼类，广泛分布于东亚、东南亚、欧洲的淡水水域。

结果表明，杂交核来自父本和母本各一半，它与细胞质的"矛盾"小；不同种间的核移植的异种核，与细胞质的"矛盾"大。

鳑鲏

童第周领导的鱼类细胞核移植技术的基础研究一直领先于国际。他也是中国实验胚胎学的主要创始人，童第周虽担任很多行政职务，但对科学研究事必躬亲，夜以继日地埋头于实验之中，这种献身科学事业的精神和严谨的治学态度，值得我们学习。

1984年，英国剑桥大学科学家斯蒂恩·威拉德森将绵羊8细胞期的细胞核分离出来，然后与去核卵细胞进行融合，形成重构胚胎，将重构胚胎移植给代孕母羊，获得存活的小羊。

1994年，美国尼尔·菲尔斯特将体外培养的牛胚胎细胞核移植至去核卵细胞后，再移植到代孕母牛体内，获得后代。

1997年，美国学者孟励等将猴的胚胎细胞核与去核卵细胞融合，形成的重构胚胎，移植给代孕母猴，获得 2 只小猴。

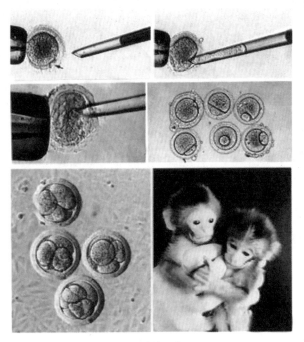

猴胚胎移植示意图

灭绝动物复活的希望

➤ 克隆恐龙的可能性

1993 年，科幻电影《侏罗纪公园》的上映轰动世界，影片中的恐龙活灵活现地展现在人们面前，也让人们了解这个世界曾经生活着的"霸主"。

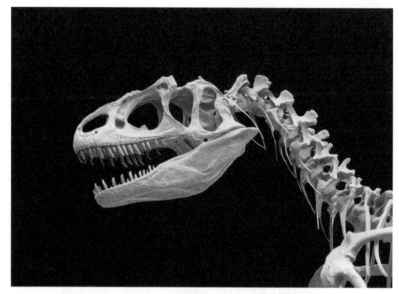

恐龙化石

但一些热衷复活恐龙的人会面临一个残酷的现实，因为人们从未采集到恐龙的遗传物质。恐龙约在 6 500 万年前灭绝，科学家认为 DNA 只能保存100 万年，从克隆技术方面来说，克隆一只动物除了要有 DNA，还需要有卵细胞及代孕受体。恐龙已灭绝，不可能提供这些遗传物质或受体，如今恐龙已经不列在拟复活灭绝动物的名册中了。

➤ 猛犸复生的遐想

猛犸是一种已灭绝的象科动物，适于生活在寒冷气候中，它是目前发现的世界上最大的象之一，也是陆生最大哺乳动物，体重可达 12 吨，身高3.3～3.6 米，象牙长 2.2～2.5 米。猛犸在大约 3 700 年前灭绝。

已灭绝的猛犸（Huanokinhejo 摄影）

1999 年，人们发掘出猛犸的尸骨，但没有采集到它的 DNA，这给拟复活猛犸的科学家"泼了一盆冷水"。直到 2009 年，科学家从一只猛犸尸骨中发现了细胞，又激起人们复活猛犸的热情。2010 年，法国一实验室的研究者曾对一只猛犸幼象进行解剖，这让很多人联想到克隆技术是否可以复活猛犸。

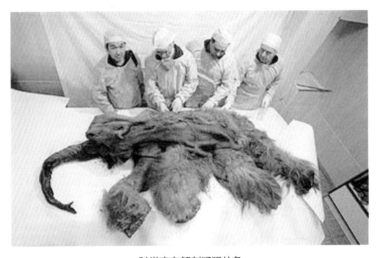

科学家在解剖猛犸幼象

2013 年，俄罗斯科研人员在北冰洋一个小岛上发现一头冰冻的雌性猛犸，让人惊奇的是，这头猛犸体内似有血液状的物质。如果能找到存活的细胞，是否就可以对这头猛犸进行克隆？由于猛犸已灭绝，取不到卵细胞，科学家只好另辟蹊径，拟用非洲大象的卵细胞代替。不过，大象不仅身体大，难于采集卵子，而且大象并不是每个月都排卵，于是，科学家设想用大象的皮肤细胞培养成卵细胞，具体设想如下。

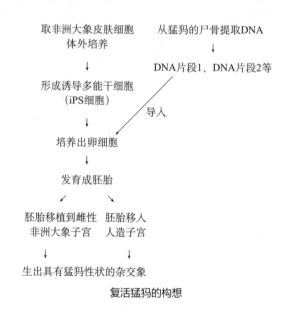

复活猛犸的构想

➤ 让旅鸽再次飞翔于天空

旅鸽原本生活在北美洲东北部，秋季向南方迁徙至墨西哥。旅鸽形如斑鸠，雄性头部和上体主要为蓝灰色，尾羽较长，有 2 枚尾羽为褐色，其余为白色；雌性胸部绯红色，头部灰绿色，眼睛呈红色，翅膀红褐色。旅鸽是典型的群居鸟类，数量曾多达 50 亿只。1813 年的某一天，美国画家约翰·詹姆斯·奥杜邦在俄亥俄河上航行时，看到当时成群的旅鸽从天空飞过，仿佛能够遮天蔽日，场景非常壮观。

到了 19 世纪末，美丽的旅鸽被人类肆无忌弹地猎杀，它们赖以生存的森林面积不断缩小，使旅鸽数量逐渐减少。1900 年，最后一只野生旅鸽被一名男孩用小汽枪射死；1914 年 9 月 1 日，仅剩的一只人工饲养的旅鸽在辛辛那提动物园离我们而去，这意味着旅鸽从此在地球上销声匿迹，它的标本被送至史密森学会[①] 收藏。

美丽的旅鸽

---

① 史密森学会是唯一由美国政府资助的半官方性质的博物馆机构，由英国科学家詹姆斯·史密森遗赠捐款所设，于 1846 年创建于美国首都华盛顿。

射杀旅鸽的场景

已灭绝的旅鸽能否利用博物馆的标本复活呢？美国遗传学家乔治·丘奇等人认为是可以的，其关键是将旅鸽的 DNA 片段导入旅鸽近亲的遗传物质中，就是旅鸽"起死回生的秘术"。

可能的实现过程为：

①从旅鸽标本中取得 DNA 片段后，拼合出旅鸽基因组，将其与旅鸽的近亲，如原鸽的基因组作比较；

②鉴别并合成旅鸽特有的突变基因，包括红胸、长尾和其他关键性状的基因；

③将这些 DNA 片段与原鸽干细胞中的对应片段进行置换，由此生成旅鸽干细胞；

④将干细胞转化为原始生殖细胞（即卵子和精子的前身），并注入原鸽的卵中；

⑤孵出的雏鸟将成为携带旅鸽卵子和精子的原鸽，让它们再进行交配繁殖；

⑥如果后代性状看起来和旅鸽一样，群体行为相同，那算不算成功复活了旅鸽呢?

➤ 复活胃育蛙

胃育蛙是澳大利亚东部昆士兰州的特有种[①]，是龟蟾科溪蟾属的一种蛙类，它的特殊之处是雌蛙在水中排卵；雄蛙精子与卵子受精后，雌蛙会将受精卵吞下，在其胃中孵化卵及哺育幼蛙。此时，受精卵外包裹着一种含有前列腺素 E_2 的胶状物，此物能使胃酸停止分泌，使受精卵在胃内发育。6~8周后，已经完全发育的幼蛙从雌蛙口中吐出，有的幼蛙甚至多达 20 只。但胃育蛙于 1984 年灭绝，原因不明。

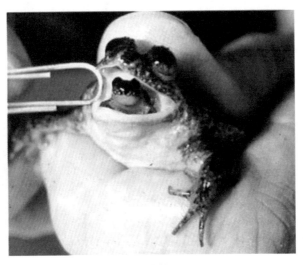

胃育蛙

---

① 特有种是仅分布于某一地区或某种特有生境内，而不在其他地区自然分布的物种。

2013 年，澳大利亚新南威尔士大学一研究组希望"复活"灭绝胃育蛙的基因组。他们采用克隆技术，由青蛙提供卵细胞，在这些细胞中移入胃育蛙的 DNA，培育出活的胚胎。虽然胚胎没有进一步发育，但表明，胃育蛙胚胎在灭绝 30 年后再次获得了生命复活的尝试。

➤ 两次灭绝的比利牛斯山羊

西班牙和法国科学家曾尝试复活一种灭绝动物，但几分钟后，这一物种又再次灭绝了，这是怎么回事呢？

这种已灭绝动物叫作比利牛斯山羊，生活在分隔法国和西班牙的比利牛斯山，善于攀行在悬崖间，啃食树叶，耐寒冷，又被称为布卡多山羊。

比利牛斯山羊

1989 年，西班牙科学家对比利牛斯山羊进行调查，其结果显示，只发现十几只"幸存者"。而 10 年后，科学家只发现了 1 只母羊，并成功诱捕了它，起名为"西莉亚"，给它戴上无线电项圈后，再放回野外。但

9 个月后的一天，这个项圈发出了长鸣信号，意味着，"西莉亚"一定出事了。

人们发现，它被一棵倾倒的树压死，比利牛斯山羊在世上彻底灭绝，时间是 2000 年。所幸的是，"西莉亚"的细胞保存在萨拉戈萨和马德里的实验室里。

科学家何塞·弗尔奇研究组利用克隆技术，将"西莉亚"的细胞核导入山羊去核卵细胞中，然后将卵细胞植入代孕母羊体内。在 57 只代孕母羊中，有 7 只母羊受孕，其中 6 只母羊流产，只有 1 只母羊足月妊娠。2003 年 7 月 30 日，他们对母羊进行剖腹产手术，取出羊羔。不幸的是，小羊羔舌头吐出嘴外，挣扎着大口吸气，虽由研究人员助力小羊呼吸，还是无力回天，短短几分钟后，小羊就死亡了。经尸检显示，小羊肺部长了一块多余的巨大肺叶。

比利牛斯山羊是世界上唯一灭绝两次的物种，科学家相信，未来有可能让这一物种再次复活。

科学家拟复活的部分灭绝动物名单：

塔斯马尼亚虎，又称袋狼，曾生活于澳大利亚、巴布亚新几内亚和塔斯马尼亚岛，大约于 1936 年灭绝。

渡渡鸟，仅产于非洲岛国毛里求斯，大约于 1681 年灭绝。

新西兰的恐鸟，大约于 1850 年灭绝。

生活在美洲的剑齿虎，大约于公元前 10 000 年灭绝。

➤ 值得商榷的克隆问题

利用遗传工程复活灭绝动物的想法，是一些科学家很感兴趣的研究点。众所周知，要维持一个可持续的、有足够遗传多样性的种群，既要有一定的群体成员数量，还要有适于其存活的栖息地。这两点对已灭绝的动物来说，都无法满足条件。

目前，科学家真的能完美克隆出这么多的灭绝动物吗？就算可以，人们准备把它们存放在哪里？虽然复活灭绝动物这一想法很"酷"，但在技术、伦理等方面，以及经费不充足的情况下，把研究重点放在濒危物种身上要比放在灭绝动物身上显得更有价值，让现存濒危物种免遭灭绝噩运是更好的研究选择。

➤ 拯救北部白犀牛

北部白犀牛和南部白犀牛同属白犀属，曾分布在乌干达西北部、乍得南部、苏丹西南部、中非东部等地。

2018 年 3 月 20 日，肯尼亚奥尔佩杰塔自然保护区发表声明称，世上仅存的一头 45 岁雄性北部白犀牛"苏丹"因身体状况严重恶化，被实施"安乐死"。科学家已经提取它的遗传物质，为未来尝试通过先进技术繁殖北部白犀牛带来希望。之前，科学家已冷冻保存了它的精子。

现在，世上只有两头雌性北部白犀牛"Najin"（"苏丹"的女儿）和它的女儿"Fatu"。27 岁的 Najin 腿上有伤，身体无法承受怀孕增加的重量，而Fatu 患有阻止胚胎植入子宫的疾病，它们都无法繁衍后代，该物种视同灭绝，可以说是功能性灭绝[①]。

北部白犀牛

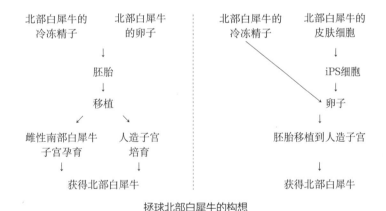

拯球北部白犀牛的构想

（一）科学家已经培育出试管犀牛胚胎

2017年，英国科学家从南部白犀牛身上采集了9枚卵子，并送到意大利。

2018年，意大利和德国科学家用"苏丹"的冷冻精子和南部白犀牛的卵子进

---

① 功能性灭绝是指该物种因其生存环境被破坏，数量非常稀少，以致其在自然状态下基本丧失了维持繁殖的能力，甚至丧失了维持生存的能力。

行体外受精后，体外培养发育至囊胚，并将囊胚冷冻保存。这是有史以来第一次获得试管犀牛杂交胚胎，今后，科学家拟将冷冻胚胎植入南部白犀牛体内，获得混合两个亚种特征的杂交犀牛。

（二）科学家拟尝试将犀牛组织培育成精子和卵子

目前，世界上仅存的两只雌性北部白犀牛可使用的卵细胞来源是有限的"基因池"，保存的精子也只来自于 4 只死去的雄性北部白犀牛。这意味着，只依靠辅助生殖技术不可能创造足以使其在野外繁衍的北部白犀牛种群。

为此，科学家希望利用干细胞技术，从 12 只无血缘关系的死亡北部白犀牛身体上提取皮肤细胞，将其培育成精子和卵子，然后进行体外受精，发育成胚胎，再移植到代孕南部白犀牛体内，最后获得北部白犀牛。

这一举措能改变北部白犀牛即将灭绝的命运吗？

科学家认为，实验室中的出色实验成果尚无法轻易转化为一群健康的北部白犀牛后代，要繁育健康的种群后代需要"穿越"一条前人没有尝试过的充满障碍的道路。目前，要创建一个可繁殖的北部白犀牛种群，可能性仍然不大。

但在拯救濒危动物方面，利用相关克隆技术的确取得了一些成效。

（三）印度野牛的克隆

印度野牛产于南亚和东南亚等地，属濒危物种。2000 年，美国科学家利用克隆技术，将雄性印度野牛的皮肤细胞导入普通母牛去细胞核的卵细胞后，把细胞移入普通母牛体内，生下一只小野牛，叫作"诺亚"，但这只小野牛只存活了 48 小时。

"诺亚"

印度野牛

（四）摩弗伦羊

摩弗伦羊又叫欧洲盘羊，是唯一生活在欧洲的绵羊类，也是欧洲绵羊的野生祖先。2001年，意大利科学家将摩弗伦羊胚胎，移植到绵羊体内，获得成功。

摩弗伦羊

（五）非洲野猫

非洲野猫是野猫的一个亚种，属于濒危动物。2004 年，美国科学家将冷冻保存的非洲野猫胚胎植入家猫体内，获得一只非洲野猫幼崽。

非洲野猫

震惊世界的"多莉"

1997 年 2 月 27 日，英国《自然》杂志报道了一项震惊世界的成果——世界上第一只通过无性繁殖的克隆羊于 1996 年 7 月 5 日在英国诞生。这只看上去很普通的羊，怎么会震惊世界呢？

伊恩·威尔穆特与克隆羊"多莉"

这只克隆羊是英国胚胎学家伊恩·威尔穆特领导的研究小组将成年绵羊体细胞（乳腺上皮细胞）核，导入已去细胞核的卵细胞中，经过一系列实验操作后，最终获得的羊羔。当时，有一位女歌手叫多莉·帕顿，威尔穆特非常喜欢这位歌手，所以研究者给这只克隆羊命名为"多莉"。"多莉"的诞生为克隆技术奠定了进一步发展的基础，这是生物学史上具有里程碑意义的重大事件，使生命科学研究进入一个新纪元。

➤ 克隆羊"多莉"是怎样被"培育"出来的

人们曾认为胚胎细胞分化程度低，恢复全能性相对较容易，而体细胞分化程度高，恢复全能性较难。威尔穆特和同仁从多次实验中总结经验，找到失败原因，即体细胞的发育周期和卵细胞发育周期不一致，通过电击体细胞和卵细胞，能让两者同时活动，进入分裂阶段细胞就开始发育。

"多莉"的培育过程：

第一步，从芬兰多赛特母绵羊（甲羊）的乳腺上取其上皮细胞，将细胞放入特殊的培养液培养，使之停止分裂，此细胞称为供体细胞。

第二步，给苏格兰黑脸母绵羊（乙羊）注射促性腺激素，促使它排出多个卵子，从输卵管取出卵子并吸出其细胞核，留下只有细胞质的卵子，称为受体细胞。

第三步，把供体细胞注射到受体细胞，用电脉冲刺激，使两个细胞发生融合形成重构细胞，它像受精卵一样开始分裂成胚胎细胞。

第四步，胚胎细胞移入另一只苏格兰黑脸母绵羊（丙羊）的输卵管内，5～6天后，取出胚胎。

第五步，挑选发育良好的胚胎，移植到另一只苏格兰黑脸母绵羊（丁羊）的子宫内，使胚胎进一步分裂、分化和发育，最后生出小绵羊，即克隆羊"多莉"。

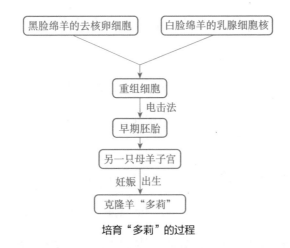

培育"多莉"的过程

在整过培育过程中，没有雄性精子的参与，毫无疑问，"多莉"是没有"爸爸"的，它有"妈妈"吗？那4只母羊是它的"妈妈"吗？它与乙羊具有相同的外貌，但乙不是"妈妈"，它们类似于一对相隔6年的同卵双胞胎姐妹，但也有差别，"多莉"的细胞多了甲羊的细胞质。

"多莉"与其他三只母羊的关系：甲羊提供无细胞核的卵细胞，而生物的主要遗传物质是在细胞核内，甲羊不是"妈妈"。"多莉"胚胎阶段只在丙羊输卵管内度过几天，相当于活体"培养箱"（当前的克隆技术不需要此受体，可在体外培养），丙羊也不是"妈妈"。而丁羊是孕育"多莉"的代孕"妈妈"，贡献很大，但它们之间无血缘关系，所以丁羊同样不是"多莉"的"妈妈"。

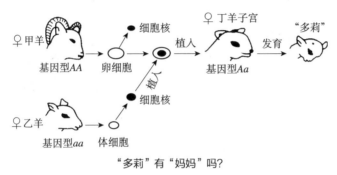

"多莉"有"妈妈"吗？

注："多莉"胚胎仅在丙羊输卵管内度过几天，此图并未画出。

生物体的遗传物质主要在细胞核内，它决定生物体的核内各种遗传性状，所以应从供体细胞的提供者来考虑谁是"多莉"的"妈妈"。

➢ "多莉"之死

克隆动物的健康是人们普遍关心的问题，"多莉"的经历使人们认识到克隆动物可能会出现早衰的问题。因为与同龄羊相比，"多莉"的染色体端粒更短，而端粒与衰老可能存在极大的相关性。

"多莉"因患有严重的肺病、关节炎等，又因为感染一种病毒，所以在它6岁时被实施安乐死。

"多莉"去世后，科学家使用同样的细胞系又培育出其他4只克隆羊，并没有发现它们有早衰现象。所以，"多莉"的死亡并不能反映克隆动物存在普遍早衰的问题。

4 只和"多莉"同细胞系的克隆羊

此后，利用克隆技术获得的体细胞克隆动物包括：小鼠（1997 年）、牛（1998 年）、山羊（1998 年）、大鼠（2002 年）、兔（2003 年）、马（2003年）、雪貂（2004 年）、狗（2005 年）、水牛（2005 年）、骆驼（2009 年）、猴（2017 年）等。

拔"毛"变猴不再是神话

在《西游记》中，孙悟空可以拔毛变猴，而现在的克隆技术似乎可以将这个故事变为现实。克隆猴"中中"和"华华"于 2017 年年底在中国诞生，这意味着中国科学家成功攻克了克隆灵长类动物的科学难题。

克隆猴"中中"和"华华"

从"多莉"问世到克隆猴出生，竟阔别 20 年之久，其中一个重要原因是灵长类动物的克隆实在太难了。为此，科学家究竟需要攻克哪些难点呢?

主要难点在于，用目前克隆技术克隆灵长类动物是行不通的，因为供体细胞核在受体卵母细胞中不能完全重编程，导致胚胎发育率低，并且操作技术不完善会影响实验的成功率。

据报道，2010 年，美国科学家舒克拉特·米塔利波夫成功克隆猴胚胎，但因胚胎发育 81 天后流产而告终。

中国科学院神经科学研究所的研究团队设计了两组实验:一组实验利用猴胚胎纤维组织母细胞为供体核，经过实验，21 只代孕母猴中有 6 只顺利怀孕，最后生下 2 只健康的幼猴，它们就是"中中"和"华华";另一组实验利用成年猴的卵丘①细胞为供体核，42 只代孕母猴中有 22 只成功怀孕，最后

① 卵丘是指初级卵母细胞及其周围的卵泡细胞突入卵泡腔形成的圆形隆起。

有 2 只猴出生，但它们短暂存活后死亡。实验表明，供体的年龄越大，越难进行克隆，而且克隆出的胚胎也容易流产。

该研究团队能够克服体细胞重编程的许多障碍，对体细胞克隆技术进行优化，除不断摸索外，也离不开科学家近年来对克隆胚胎细胞重编程机制的研究，他们利用这些成果，最终使克隆猴实验获得成功。

➤ 克隆猴的三大难题

第一个难题：作为受体的卵细胞，必须要去掉细胞核，猴的卵母细胞不透明，细胞核不容易被识别，去核操作非常困难。利用偏振光给细胞"打光"，可减少对细胞的影响，但要求在极短的时间内完成。花费大量时间训练，研究者方可在 10 秒内精准完成体细胞核移植的显微操作，为后续的克隆工作奠定重要的技术基础。

第二个难题：克隆过程中，体细胞核导入卵细胞时，需要"唤醒"卵细胞才能启动发育进程，利用曾经的方法，猴子的卵细胞容易提前被"唤醒"，使克隆程序无法正常启动。

第三个难题：体细胞克隆胚胎的发育效率低，胚胎不能正常发育。

➤ 克隆猴的意义

克隆猴技术开启了以猕猴为实验动物模型的时代。目前，研究者进行生物学、医学、药物研发时，通常以小鼠为模型，但人与小鼠在生理结构和功能方面还是有很大差别的。而猕猴与人类更为接近，是更好的实验动物模型，得出的实验结果也更为可靠。

而且，克隆灵长类动物技术的突破或能帮助扩大濒危灵长类动物的种群繁殖。例如，有可能将金丝猴的胚胎移植到猕猴体内，生下小金丝猴，以此扩大金丝猴种群数量。

猴子"失眠"了

在中国科学院神经科学研究所里，有些小猴看起来很紧张，总是焦躁不安，抱着头躲在角落里，而且晚上睡眠时间少。这些小猴是研究者培育的生物节律紊乱的克隆猴。

2015 年，研究者用基因编辑技术敲除了猕猴胚胎细胞中有关控制生物节律的核心基因 *BMAL1*，获得了一些生物节律核心基因 *BMAL1* 缺失的猕猴，但这些猕猴个体间存在遗传背景和基因编辑嵌合率的差别，甚至有的个体中的 *BMAL1* 基因未被完全敲除，所以出现生物节律紊乱症状不一致的情况。

经过实验，研究者从这些经过基因编辑的猕猴中，选择 *BMAL1* 基因被彻底敲除且睡眠紊乱最为明显的猴子作为供体细胞进行克隆，获得了 5 只 *BMAL1* 基因敲除的克隆猴。这些克隆猴不再按照 24 小时的周期进行活动，它们的夜间活动明显增多，常出现抑郁、焦虑、紧张等情绪，抱着头蜷缩在角落，见到保育员也会害怕。

5 只克隆猴（最大的生于 2018 年 7 月 12 日；
最小的生于 2018 年 10 月 12 日，因感染已死亡）

"中中"和"华华"是未经基因编辑的野生型猕猴的克隆猴，而这 5 只猴是敲除 BMAL1 基因后培育的克隆猴，可以说这 5 只是疾病模型猴，这种猴也是真正意义上能被广泛应用的、新型高效的实验动物模型。

培育基因编辑克隆猴的成功标志着中国体细胞克隆技术走向成熟，用疾病模型猴批量克隆有可能成为现实，使相关药物研发驶入"快车道"。

鉴于当前克隆技术在制造遗传背景一致的基因编辑猴方面的成本较低、耗时较少，而作为目前全球唯一掌握非人灵长类动物克隆技术的中国科学家，有望在未来神经科学研究中抢先一步。

坚决禁止克隆人

克隆羊"多莉"出生后曾"一石激起千层浪",世界各国对克隆技术的伦理问题展开激烈讨论。人们喜忧参半,喜的是人类又创造了一项新技术,忧的是担心若允许克隆人类会产生严重的社会负面影响。早在 1978 年,美国作家罗维克出版《人的复制》一书,其中就描述了一个富翁重金聘请许多人为自己克隆的故事。

一直以来,我国及世界各国明确反对克隆人,不允许、不支持、不接受治疗性克隆人实验。克隆人涉及一个根本性的问题,就是人首先是社会人,而克隆人或许与被克隆者有相同的生理特性,这些是可以被复制出来的,但人的思维、教育、道德、经验等是无法复制的,或许可以克隆出长得和爱因斯坦一样的人,也留着杂乱无章的头发、浓密的胡须,但他不一定能成为物理学家。科学研究的基本出发点是为了造福人类,即使是针对非人灵长类动物的克隆,也不是可以随心所欲的。中国科学院神经科学研究所所长蒲慕明院士曾说:"克隆非人灵长类动物的唯一目的就是服务人类健康,但科研人员不考虑对人类进行相关研究,我们很清楚未来的非人灵长类研究需要遵循非常严格的伦理规定。"

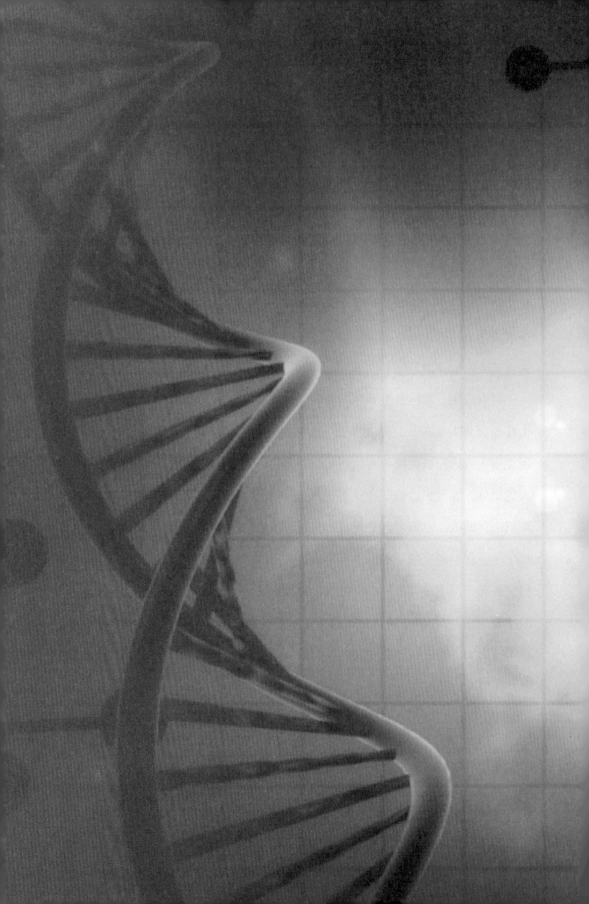

09

基因编辑

基因编辑的意义

进入 21 世纪，遗传学以惊人之势迅猛发展。从研究思路划分，遗传学大体上可以分为正向遗传学和反向遗传学。最初，在孟德尔和摩尔根时代，人们主要根据生物体性状特征和变化研究其遗传基础、染色体和基因的结构与功能，被称为正向遗传学，即根据表现型研究基因型；后来随着研究技术的进步和分子生物学的诞生与发展，可以人为地造成各种基因突变，并据此研究其相应性状的变化，这被称为反向遗传学，即根据基因型研究表现型。反向遗传学涉及核苷酸序列变化，可以人为地控制或改造，相对来说较简便；而反观正向遗传学，由于表现型的变化涉及的遗传因素较多、难于控制，研究起来就复杂得多。

反向遗传学研究关键点就是对研究对象的遗传序列进行修饰。常用的方法，其一是定点突变，在目标点造成突变，然后再以理想的突变取而代之，最后用 PCR 技术加以扩增；其二是重组，即利用细胞本身的功能，实现自身遗传信息与外源 DNA 遗传信息的交换。利用 PCR 或病毒导入等方法，对诸如哺乳动物等复杂生物成功的概率较低，通过重组途径也很难奏效，如小鼠胚胎干细胞同供体 DNA 之间的重组只有百万分之一的概率。改变或修饰生物自身遗传分子 DNA，以及同其他生物 DNA 进行重组交换，是改良生物、更好地为人类服务的重要途径。

　　传统的转基因和基因打靶技术^①由于技术成熟，可以对动植物的基因组序列进行各种修饰，未来仍是模式生物基因组构建所依靠的主要技术，但随着遗传学的发展，其效率低、重组困难等弊端也日益凸显。由于实践需要，新技术也不断涌现，这些技术的要求就是提高对遗传分子完成切、连、重组关键步骤的效率和准确性。这一要求归结为，最初的基因枪^②技术有目的但无目标，而限制性内切酶和连接酶技术目标分布过广，只要存在符合识别要求的4～6个碱基对，基本上都能被切割。这两种技术虽然屡建奇功，但仍不能满足精准性的要求，容易造成误切或产生其他副作用。因此，科学家力图找到更为精准的方法，对遗传分子进行修饰。于是，基因编辑技术应运而生。

　　基因编辑则是利用修饰过的核酸酶作为改造基因或 DNA 的工具，有望克服之前技术精准性差的缺点。基因编辑，确切地说是基因组编辑，就是对基因或基因组进行人为编辑，亦即比较精准地对其中有害的、畸变的、无用的部分予以剔除，代之以正常的、健康的部分。从这个角度来看，基因编辑实际上是遗传工程继续发展步入的新阶段。

　　基因组编辑何以精准性更高？因为它要求的特异识别区域更广。识别区域广比识别区域窄更精准，似乎让人觉得有些匪夷所思，其实细想起来，道理非常明显，因为识别区域广不仅对核苷酸序列有要求，对"左邻右舍"也有要求，甚至对立体构型也有要求，这样是不是比只对核苷酸序列有要求要精准得多？我们再想想限制性内切核酸酶，它对 DNA 的识别序列是4～6个

① 基因打靶技术是通过同源重组，用经体外改造过的基因去置换生物细胞基因组中相对应的内源性基因的技术。
② 基因枪是将携带基因的金属微粒高速射入细胞和细胞器的一种用于转基因技术的装置。

碱基对，碱基对排序虽有特异性，但在基因组或某一基因上相似序列非常多，酶切后造成的切口数不胜数，因此缺乏区域特异性，很难确定目标位置，不适合基因编辑之需。

基因编辑的技术原理

一方面，基因编辑技术的基本原理就是利用核酸酶的切割性能对较大范围内的 DNA 双链进行切割，形成 DNA 双链切口，这类切口的末端是非同源的，在修复连接过程中会造成突变，使原来相应部分的功能丧失，达到清除的目的；另一方面，可以利用同源序列作为模板，重新合成切口丧失部分的核苷酸序列，同时把所需的片段插到切口周围的同源序列中，造成目标区所需的突变。换言之，基因组编辑就是切除不需要的、加入需要的 DNA 序列的编辑过程，对所有生物来说，一个最基本的修复途径就是非同源末端连接和同源定向修复。这是生物的自然特性，也是基因编辑利用核酸酶作为工具的基本原理。

既然是非同源末端，彼此连接起来就容易发生错误，从而造成修复位点突变。例如，黏细菌双链切口的修复点大约有 50% 会发生突变，由此引起保真性降低。这些问题都是由非同源末端连接的失真性造成的，而同源定向修复则以同源序列作为模板，由于"惺惺相惜"，在缺口断点处就容易重新合成丧失的 DNA 序列。基因编辑就是根据这些自然特性创立的，同源定向修复依靠同源序列来修复双链切口，利用这种技术可以把所需片段插入切口周围的同源序列中，作为系统的模板，在基因组的目标区造成所需的改变。建立在同源定向修复基础上的基因编辑，类似于以同源重组为基础的基因打靶，两者的重组速率却有天壤之别，相差至少数以千倍计。同源定向修复系统效率高，且删减的选择性非常严谨，一旦在基因组特定位点创建出合适的双链切口，细胞就会以自身的修复系统创建出理想的突变。

基因编辑与书刊编辑相似，都是对目标进行添加（插入）、减少（删除或敲除）、复制、取代等加工处理，以符合人们的需要，基因编辑的出发点与遗传工程大同小异。此外，为了进行这些加工处理，基因编辑需要在 DNA 双链上造成缺口，这就需要工具酶，基因编辑需要位点特异性更高的核酸酶。科学家先后发现巨核酸酶、锌指核酸酶（ZFN）、转录激活因子样效应物核酸酶（TALEN）及规律间隔成簇短回文重复序列（CRISPR）等，切割识别区是更长的核苷酸片段，从而提高了区域识别特异性，促进了基因编辑技术的创建和发展。但对于前三种工具来说，其成本昂贵、操作繁琐、成功率低，虽有这些缺点，却为操作提供了新的途径，有可能对内源基因进行修饰，改善与此有关的性状，使之更符合我们的要求。直到 2011 年，研究者发现了 CRISPR/Cas9 系统，基因编辑才更加精准。这些就是基因编辑"武器"的由来，以及它们特异性更高的原因。

为了更容易理解这些基因编辑"武器"的功能，我们先对基因编辑过程涉及的一些概念加以介绍。

基因编辑中的基本概念

➤ 工程酶

基因编辑"武器"虽来源于生物体本身，但并非原样照搬，而是根据需要对它们进行加工，加工的工具被叫作工程酶，意即经过人为加工的酶。例如，将不同的巨核酸酶融合在一起，以便识别新的序列或位点。再如，*Fok* I [①] 就是由两种核酸酶构成的，两者互通有无，各有自己的识别序列。

➤ DNA 双链断裂（DSB）

应用核酸酶进行基因编辑，就是先在 DNA 双链上造成断裂，然后对其修复。没有断裂的切口就不能对核苷酸进行删除、插入等编辑。

➤ 非同源末端连接（NHEJ）与同源定向修复（HDR）

非同源末端连接是真核细胞在不依赖 DNA 同源性的情况下，在 DNA 发生断裂等情况下，将两个 DNA 断端彼此连接在一起的一种特殊的 DNA 双链断裂修复机制。与此相反，同源定向修复则是以同源序列作为模板，重新在断点合成一个 DNA 序列，故名同源定向修复。这是生物的自然特性，也是基因编辑利用核酸酶作为工具的基本原理。如前所述，同源定向修复靠同源序列来修复双链切口，利用这种技术可以把所需的片段插入切口周围同源序列中，在基因组的目标区造成所需的改变。

---

① *Fok* I 是一种限制性内切核酸酶。

基因编辑假想图

➤ 基因敲除

通俗地说，基因敲除具有定点清除的意思，将细胞基因组中某基因去除或使基因失去活性的方法。常用同源重组的方法敲除目的基因，观察生物或细胞的表型变化，这是研究基因功能的重要手段。

➤ 特异突变引入

如果想把某个特异突变引入基因组，需要通过同源重组来实现，这时就需要提供一个含有特异突变的同源模板。在正常情况下，同源重组效率非常低，但若在这个位点产生双链切口会极大地提高重组效率，从而实现特异突变的引入，这就需要借助基因编辑。

➤ 定点转基因

与特异突变引入的原理一样，在同源模板中加入一个转基因，这个转基因在双链切口修复过程中会被拷贝到基因组中，从而实现定点转基因。通过定点转基因的方法可以把基因插入基因组某一位点，有利于基因的稳定。

天然核酸酶虽然能切开 DNA，但缺乏靶向活性，也就是说能识别特定核苷酸序列，但不能辨别是否为靶点区域，凡是存在这一序列的地方，都难逃被切开的"厄运"，这就会对机体的遗传基础，甚至整个机体造成严重危害。因此，核酸酶精准性研究也就成为遗传工程的研究热点，而锌指核酸酶的细胞毒性比其他核酸酶更为严重，转录激活因子样效应物核酸酶与 RNA 导向技术相比，效率最高，脱靶率也较低。从理论上看，核酸酶对 DNA 的结合位置，同此酶的活性位点的距离越远越好，有利于降低细胞毒性作用，从这个意义上看，转录激活因子样效应物核酸酶精准性最高。

与基因编辑有关的基础知识大体如上所述，有些细节容后补充。接下来，我们将对有关基因编辑"武器"做一番简介。

基因编辑"武器"中的"四大金刚"

基因编辑"武器"就是指基因编辑中所用的核酸酶等元件，目前常规武器有以下几种。

➤ 巨核酸酶

巨核酸酶发现于微生物中，识别序列长达 14 个碱基对以上，位点特异性很强，而且对细胞的毒性比其他核酸酶小，但目前发现的这种酶的数量或类别都很少，不足以形成对各种不同位点的特异性切口。所以，研究者尚需发现新的巨核酸酶或对已有的进行加工处理，否则难以满足研究需要。

➤ 锌指核酸酶（ZFN）

与巨核酸酶相反，锌指核酸酶及随后述及的转录激活因子样效应物核酸酶，没有核苷酸序列位点特异性，它们的识别区与 DNA 所识别的蛋白质有关，如对应于锌指蛋白[①] 的核苷酸序列，或对应于转录激活因子样效应物的核苷酸序列。

锌指核酸酶技术具有重大的应用价值，在科研和农业领域，该技术既可用于有害基因的敲除失活，也可用于导入目标基因，使基因激活或阻断，或者人为改造基因序列，使之符合人们的要求。锌指核酸酶具有极佳的特异性和效率，因此能将基因或基因组出错的风险降到最低。从理论上来说，研究人员甚至可以在任何物种中，对处于任意生长时期的细胞进行锌指核酸酶的基因编辑操作，自如地修改其基因，而不破坏细胞状态。此外，锌指核酸酶可以主动进入细胞，无需借助质粒或噬菌体等载体，避免由于载体的进入，对机体造成可能的危害。早期的锌指核酸酶技术需要借助噬菌体或质粒载体的方式进入细胞，然后再表达形成具有功能的蛋白质。但后来发现，锌指核酸酶可以依靠自身锌指部分"跨过"细胞膜而进入细胞，并发挥作用，如此

[①] 锌指蛋白是在基因转录和复制中起重要作用的一类脱氧核糖核酸（DNA）结合蛋白，与 Zn^{2+} 配位形成类似于手指状结构，称为锌指结构。

则可避免因载体插入重要基因而引起突变等潜在风险。

近年来，锌指核酸酶应用成果不断涌现，在科研和医疗领域中得到广泛应用，取得的科研成果令人振奋。例如，在艾滋病、杜氏肌营养不良症①、唐氏综合征等疾病的基因治疗方面，均取得重要成果。在干细胞领域，应用锌指核酸酶技术精确修正基因突变，使缺陷蛋白质失活等方面也取得令人瞩目的效果。在农业和植物研究领域，锌指核酸酶也初露锋芒，可以使有益基因得以富集或增加。例如，利用锌指核酸酶基因打靶技术使拟南芥②同时获得两个抗除草剂基因 *SuRA* 和 *SuRB*，在玉米、烟草等作物实验中也出现类似结果。

➢ 转录激活因子样效应物核酸酶（TALEN）

TAL 效应子（TAL effector，TALE）的中译名是转录激活因子样效应物，最初是在植物病原体黄单胞菌中发现的，是病菌感染植物体的组成部分，这类分子经由病菌注入植物细胞后可以通过特异启动子调节转录，促进病菌在植物体内的繁殖，扩大对植物细胞的感染范围。研究者后来发现，把这类分子修饰后再与核酸酶 *Fok* I 连接在一起，便可构建出具有特异性的基因编辑工具，这种工具就是转录激活因子样效应物核酸酶，缩写为 TALEN。近年来，TALEN 已广泛应用于酵母、动植物细胞等基因组的改造，以及拟南芥、果蝇、斑马鱼及小鼠等各类模式动植物研究系统。2011 年，《自然-方法》期刊将其列为年度技术；2012 年，《科学》期刊更将 TALEN 技术列入年度十大科技突破之一，被誉为"基因组的巡航导弹"。

---

① 杜氏肌营养不良症是一种 X 染色体隐性遗传疾病，主要发生于男孩。
② 拟南芥属被子植物门、双子叶植物纲、十字花科植物。拟南芥基因组大约为 12 500 万个碱基对和 5 对染色体，是进行遗传学研究的模式植物，被科学家誉为"植物中的果蝇"。

TALEN 技术的原理并不复杂，简单说来就是通过 DNA 识别模块将 TALEN 元件与特异性的 DNA 位点相结合，然后再通过 Fok I 对特定位点进行切割，造成双链切口，最后经细胞同源定向修复或非同源末端连接修复过程，完成特定序列的插入或倒置、敲除或基因融合。TALEN 技术的核心，就是同一个蛋白质依次实现进入细胞核、结合 DNA 特异序列和切割靶位点 DNA 三个不同的功能。

➤ TALEN 技术的应用及近期发展

虽然 TALEN 技术的基本原理并不难理解，但其发现经历却较为曲折。从 1989 年首次发现 TAL 效应子起，研究者前后历时近 21 年才研究清楚 TAL 效应子的工作原理。自 2010 年正式发布 TALEN 技术以来，全球范围内多个研究小组在酵母、拟南芥、水稻、果蝇及斑马鱼等多个生物体系中验证了 TALEN 的特异性切割活性。TALEN 与锌指核酸酶系统都是蛋白质，而且都是采取元件重复形式，但不同的是，TALEN 氨基酸与所识别的核苷酸对是一对一的对应关系，而不是一对多的关系，TALEN 与锌指核酸酶的重复特点可以加以利用，创造出核苷酸序列特异性。

2011 年，北京大学的研究者首次使用 TALEN 技术在斑马鱼中成功实现了基因定向突变和编辑。2012 年，科学家以斑马鱼为模式动物，首次使用 TALEN 技术在活体内完成了特定 DNA 序列的敲除、人工 DNA 序列插入等较为复杂的操作。随后 TALEN 技术在植物、大鼠、小鼠的基因组改造实验中的应用也顺利完成；2013 年，使用 TALEN 技术诱导 DNA 双链断裂，提高同源定向修复效率，在斑马鱼中实现了同源重组基因打靶。在农作物研究领域，TALEN 技术已经广泛地应用于作物品种改良，如大豆品质改良和土豆的储存期延长等。中国科学院遗传所的专家利用 TALEN 等工具对六倍体小麦的 3 个同源基因进行了编辑。如前所述，经典的 TALEN 体系已经得到广泛应用，越来越多的实验室及相关研发公司均能很好地完成 TALEN 技术实验。

➢ CRISPR/Cas 系统

不论是 TALEN 技术，还是 ZFN 技术，其定向基因打靶都依赖于 DNA 序列特异性结合蛋白模块的合成，这一步骤非常繁琐、费时。于是研究者开始寻找更为简便而有效的基因编辑工具，而新的编辑工具——CRISPR/Cas 技术便应运而生。CRISPR 是英文 clustered regularly interspaced short palindromic repeats 的缩写，意即规律间隔成簇短回文重复序列；而 Cas 则是与此重复序列相连基因的英文缩写。CRISPR/Cas 是 DNA 序列，它们翻译成的蛋白质才具有核酸酶活性。此系统最初发现于细菌免疫系统，用来抵御病毒或外来 DNA 的侵袭。这一系统的特点是利用 RNA 寻找靶点 DNA 序列，再把核酸酶引到靶点处，完成基因编辑任务，这是一个全新的定点改造 DNA 序列的高效平台。

CRISPR/Cas 系统由 CRISPR 序列元件与 *Cas* 基因家族组成，其中 CRISPR 由一系列高度保守的重复序列与同样高度保守的间隔序列相间排列组成。在 CRISPR 附近存在一部分高度保守的相关基因，即 *Cas*，这些基因编码的蛋白质具有核酸酶活性的功能域，可以对 DNA 序列进行特异性的切割。

➢ CRISPR/Cas 系统工作原理

如前所述，CRISPR/Cas 作为原核生物中普遍存在的一种系统，最初的功能是识别"入侵者"的核苷酸序列，并对其进行特异性降解，以达到抗病毒的目的。这一过程分两步进行，第一步是将 *Cas* 基因与重复序列/间隔序列分别转录成 mRNA 与 crRNA[①]，mRNA 再翻译成蛋白质（核酸酶）；第二步是核酸酶在 crRNA 引导下对"入侵者"RNA 结合与剪切，于是，多种 RNA 与蛋白质协同作战，起到对基因编辑的效果。所以，科学家戏谑地称其为"强大的基因编辑武器库"。

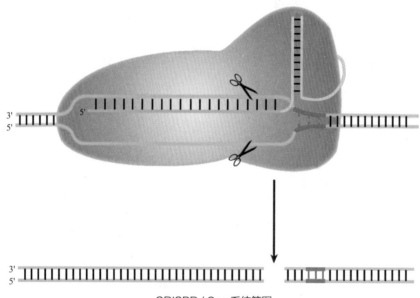

CRISPR / Cas 系统简图

➤ CRISPR/Cas 系统的类型

CRISPR/Cas 根据系统元件的不同，可以分为 I 类系统、II 类系统和III类系统。这三类系统又可根据其 Cas 蛋白质的编码基因不同而分为更多的亚类，不同类型的 CRISPR/Cas 系统完成干扰的步骤也有所不同。

I 类和III类 CRISPR/Cas 系统进行干扰时只需要 crRNA 和 Cas 蛋白质两

---

① crRNA 的全称是 CRISPR-derived RNA，意为基因编辑衍生 RNA。

种元件参与，而Ⅱ类 CRISPR/Cas 系统则需 crRNA、tracrRNA[①] 和 Cas 蛋白质三种元件。其中Ⅱ类 CRISPR/Cas 系统最先在改造后用于小鼠基因组编辑，同时也是目前研究最为充分的系统。

➤ CRISPR 技术的应用

起初，CRISPR/Cas 系统在细菌的天然免疫系统中被发现后，并未引起研究者重视，研究进展得非常缓慢。近年来，由于基因工程技术的突飞猛进，CRISPR/Cas 技术俨然成为生命科学界最炙手可热的工具之一，被广泛应用于各类生命体内和体外体系的遗传学改造、转基因模式动物的构建，甚至基因治疗等医学领域。

2013 年年初，《科学》杂志刊发两篇具有重要意义的 CRISPR 技术论文，一篇的内容是使用 CRISPR 技术完成多重基因组编辑，另一篇是使用 CRISPR 技术完成 RNA 介导的人类基因组编辑。论文作者修改了细菌的Ⅱ类 CRISPR 系统，并比较了这种新系统与传统 TALEN 技术在基因组编辑方面的效率差异，结果发现这种方式比 TALEN 有更快的时效性。

同年，我国科学家利用 CRISPR/Cas 技术在大鼠中实现了多基因同步敲除，还利用 CRISPR/Cas 系统成功地实现了对水稻特定基因的定点突变。

CRISPR/Cas9 系统作为基因编辑的工具极具开发潜力，2015 年后，科学家对于 CRSPR/Cas9 工具的使用已经相当娴熟，由于该方法具有易操作、成本低的特性，已有很多研究者将这种方法应用于治疗人类疾病的细胞基因组编辑。

基因敲除技术常在动物活体上开展基因功能研究，有可能为人类寻找

---

① tracrRNA，全称是 trans-acting crRNA，意为反式激活 crRNA。

合适药物作用靶标。但是，传统的基因敲除方法需要通过复杂的打靶载体构建、ES 细胞筛选、嵌合体小鼠选育等一系列步骤，不仅流程繁琐，对技术的要求也很高，而且费用大，耗时较长，成功率受到多方面因素的限制。即使对于技术较成熟的研究者，利用传统技术构建基因敲除小鼠的某些基因可能也需要一年以上的时间。而 CRISPR/Cas9 系统却为基因敲除的改进带来了新的曙光，该方法构建的基因突变动物具有显著高于传统方法的生殖系转移能力，是一种可靠、高效、快速地构建敲除动物模型的新方法。

三种基因定点修饰技术的总结与比较

➤ TALEN、ZFN 和 CRISPR/Cas 的共同点

从分子生物学角度看，基因定点修饰操作可以分为敲入、敲除及基因整合等几种类型。而其中敲除又有多重敲除和条件敲除等特殊类型，本质上均是利用非同源末端连接途径修复和同源重组修复，联合特异性 DNA 的靶向识别及内切核酸酶完成的 DNA 序列改变。

近年来，TALEN、ZFN 和 CRISPR/Cas 三大基因定点修饰技术已经广泛应用于生命科学与医学领域，包括转基因动植物模型的构建、基因治疗及转基因育种等。虽然 TALEN、ZFN 和 CRISPR/Cas 三种技术在细节上各有特色，但它们在各类应用中的基本模式是相似的，如在转基因大鼠基因的构建上，

三种技术均是以显微注射的方式编辑大鼠胚胎基因的。

➤ TALEN、ZFN 和 CRISPR/Cas 的技术特点

虽然 TALEN、ZFN 和 CRISPR/Cas 均能用于与基因组定点修饰相关的各类操作，应用范围有很大程度的重合，但这三种技术各有不同的技术特点和适用范围，因此在实际操作中，实验者都会根据实际需要选择合适的基因组定点修饰技术方案。

	TALEN	ZFN	CRISPR/Cas9
靶点 DNA 序列的识别区域	重复可变双残基（RVD）的重复	锌指（ZF）结构域	CRISPR RNA(crRNA) 或向导 RNA(gRNA)
DNA 的剪切	*Fok* I 核酸酶结构域	*Fok* I 核酸酶结构域	Cas9 蛋白
典型核酸酶的构建	8～31 个重复可变双残基的拼接	通过搜索各类 ZF 组合数据库，拼接 3～4个ZF结构	gRNA 的寡核苷酸合成和分子克隆（或 RNA 合成）
最小模块识别碱基数量	1	3	1
优点	设计较 ZFN 简单，特异性高	平台成熟，效率高于被动同源重组	靶向精确，脱靶率低，细胞毒性低，廉价简便
缺点	细胞毒性，模块组装过程繁琐，需要大量测序工作，一般大型公司才有能力开展，成本高	设计依赖上下游序列，脱靶率高，具有细胞毒性	靶区前无 PAM 则不能切割，特异性不高，NHEJ 依然会产生随机毒性

由于在技术特征方面存在区别，TALEN、ZFN 和 CRISPR/Cas 作为不同的技术在研究领域上虽有极高重合度，但在一些特殊的研究领域，对这几种基因组修饰工具的选择上，研究者依然具有较强的偏好性。

TALEN 技术是目前商业化最成功的技术，而 ZFN 技术则是最早被广泛使用的基因组定点修饰技术，这两个系统都有各自的商业平台，但实验室操作起来非常繁琐，而且高度依赖目标序列及其上下游序列，还存在脱靶率高及细胞毒性大等诸多限制性因素。CRISPR/Cas 技术摆脱了合成和组装特异性

识别蛋白模块的操作，而且 gRNA 的设计和合成工作量小于 TALEN 和 ZFN 技术中识别模块的构建过程，且毒性远远低于 ZFN 技术。然而 CRISPR/Cas 技术也存在对目标序列上下游的依赖性，目前只能应用于特定序列的靶位。TALEN、ZFN 和 CRISPR/Cas 三大基因组定点修饰技术应用于生物医学领域的时间并不长，但近年来发展迅速，积累了大量的技术经验。

基因编辑研究近景与展望

自然界中生物体尽管形态各异，结构不同，但除某些病毒外都有共同的遗传机制，即以 DNA 为信息载体的遗传，故而基因编辑的方法原理从细菌到动植物，甚至人类基本都是相同的。

近年来，基因编辑成为生物医学界的热门话题，它在细菌、酵母、动植物，甚至人类等几乎整个生命科学领域范围内具有强大的功能，让人们感到惊讶之余，也因它指向人类胚胎的技术而担忧。

人们担忧基因编辑人类生殖细胞可能会出现"被设计的婴儿"。

早在基因编辑甫一出现，就掀起轩然大波，虽赞美和惊喜之声不断，但担忧和谴责之声也时隐时现。2017 年，科学界就人类基因编辑的进展、规范及应用方式等问题进行调研并形成报告。报告指出，由于科学技术的发展，基因编辑变得越来越简单、越来越有效率，但应谨慎对人类应用基因编辑技术。

生命协奏曲

　　《基因密码：改造生命的遗传"图谱"》把我们带入一个全新的世界，这里不仅有鸟语花香，更有各种"迷宫"，如这个"世界"的背后就是威力无限的生物技术——合成生物学、干细胞技术、体细胞再编程和克隆技术等，它们"彼此提携，互相补充"，"演奏"出一浪高于一浪的"组曲"，美化人类的生活，改善我们的健康。

　　例如，人们正在用这些技术制造安全食品，去掉食物中有害的或引起人们恐慌的核苷酸片段，通过加工基因上游调控区增加有益蛋白质的表达量；通过编程干细胞分化潜能构建全能干细胞，使寻找配型细胞不再成为医学专家的烦恼；通过基因组学、蛋白质组学和基因编辑构建个性化医疗工具；通过克隆技术等有望让那些已灭绝或濒临灭绝的动物再展风采……这些美好的愿望等待未来的生命科学研究者去开拓、去实践！

本书草就之时，笔者忽然发现一条有趣的新闻，现照录如下，愿与读者诸君共思，遗传学探索之路到底还有多长？

55 岁的宇航员史考特回到地球 3 年后，《科学》期刊公布对他身体状况长期跟踪的研究报告。科学家对他进行全身检查，发现他待在太空期间，颈动脉和视网膜变厚、体重变轻、肠道微生物增多，并且认知能力下降。不过，这些症状大多在他回到地球 6 个月后逐渐消失，唯独基因中 8.7% 的变化仍未恢复。

史考特表示，刚回到地球的那几天非常难受，有很长一段时间都感觉身体没有活力，相当疲惫，"还以为自己得了流感"。

美国科罗拉多州立大学的生物学家苏珊·贝利表示，人类染色体末端有个叫"端粒"的部分，通常随着年龄增长会渐渐缩短，辐射、污染、压力增大等因素都有可能导致它加速变短。但奇怪的是，史考特从太空回来后，端粒竟然没缩短，反而比之前更长，这可能意味着"他的细胞比以前更年轻了"，很可能是因为"太空唤醒他体内某部分'沉睡'的细胞"。

　　研究人员指出，史考特基因产生突变有 5 种可能的原因，其中包含太空辐射、零重力环境等对生理带来的冲击，因为史考特当初所在的太空站位置，正好处于高能带电粒子范艾伦（Van Allen）辐射带[①] 下方，辐射量是地球的 48 倍，体细胞可能一直在"忙着"修复因放射线而造成的伤害，才会出现这种突变。

---

① 范艾伦辐射带指被地球磁场捕获的高能带电粒子区。1958 年，由美国科学家范艾伦在"探险者 1 号"科学卫星上首先测量到该区域有强辐射，故此得名。

本书部分图片来源于网络，因条件限制无法联系到这些图片版权所有者，我们对此深感抱歉。为尊重创作者的著作权，请您与我方联系。

科学出版社

电话：86（010）64003228

邮编：100717

地址：北京东黄城根北街 16 号